全世界孩子最喜爱的大师趣味科学丛书①

趣味物理学

ENTERTAINING PHYSICS

〔俄〕雅科夫·伊西达洛维奇·别莱利曼◎著　　项　丽◎译

U0225705

中国妇女出版社

图书在版编目（CIP）数据

趣味物理学 /（俄罗斯）别莱利曼著；项丽译. —
北京：中国妇女出版社，2015.1（2025.1 重印）
　（全世界孩子最喜爱的大师趣味科学丛书）
ISBN 978-7-5127-0944-7

　Ⅰ.①趣… 　Ⅱ.①别… ②项… 　Ⅲ.①物理学—青少
年读物 　Ⅳ.①O4-49

中国版本图书馆CIP数据核字（2014）第238410号

趣味物理学

作　　者：〔俄〕雅科夫·伊西达洛维奇·别莱利曼　著　项丽　译
责任编辑：应　莹
封面设计：尚世视觉
责任印制：王卫东
出版发行：中国妇女出版社
地　　址：北京市东城区史家胡同甲24号　　邮政编码：100010
电　　话：（010）65133160（发行部）　　65133161（邮购）
法律顾问：北京市道可特律师事务所
经　　销：各地新华书店
印　　刷：北京中科印刷有限公司
开　　本：170×235　1/16
印　　张：16
字　　数：220千字
版　　次：2015年1月第1版
印　　次：2025年1月第53次
书　　号：ISBN 978-7-5127-0944-7
定　　价：30.00元

版权所有·侵权必究 　（如有印装错误，请与发行部联系）

编者的话

　　"全世界孩子最喜欢的大师趣味科学"丛书是一套适合青少年科学学习的优秀读物。丛书包括科普大师别莱利曼的6部经典作品，分别是：《趣味物理学》《趣味物理学（续篇）》《趣味力学》《趣味几何学》《趣味代数学》《趣味天文学》。别莱利曼通过巧妙的分析，将高深的科学原理变得简单易懂，让艰涩的科学习题变得妙趣横生，让牛顿、伽利略等科学巨匠不再遥不可及。另外，本丛书对于经典科幻小说的趣味分析，相信一定会让小读者们大吃一惊！

　　由于写作年代的限制，本丛书还存在一定的局限性。比如，作者写作此书时，科学研究远没有现在严谨，书中存在质量、重量、重力混用的现象；有些地方使用了旧制单位；有些地方用质量单位表示力的大小，等等。而且，随着科学的发展，书中的很多数据，比如，某些最大功率、速度等已有很大的改变。编辑本丛书时，我们在保持原汁原味的基础上，进行了必要的处理。此外，我们还增加了一些人文、历史知识，希望小读者们在阅读时有更大的收获。

　　在编写的过程中，我们尽了最大的努力，但难免有疏漏，还请读者提出宝贵的意见和建议，以帮助我们完善和改进。

目 录

Chapter 1　速度和运动 → 1

我们的运动速度有多快 → 2

与时间赛跑 → 5

千分之一秒 → 6

时间放大镜 → 10

我们何时绕太阳运动得更快些 → 11

车轮之谜 → 13

车轮上转得最慢的部位 → 15

这个问题不是玩笑 → 16

小船是从哪里驶来的 → 18

Chapter 2　重力·重量·杠杆·压力 → 21

请站起来 → 22

行走与奔跑 → 25

应该怎样从行进的车厢中跳下来 → 28

用手抓住一颗子弹 → 31

西瓜炮弹 → 32

站在台秤上 → 35

物体在什么地方会更重一些 → 36

物体在下落时有多重 → 38

从地球到月球 → 40

凡尔纳笔下的月球之旅 → 42

用不准的天平测量出准确的重量 → 44　　　为什么磨尖的物体更容易刺入 → 47

我们的力量到底有多大 → 46　　　就像深海怪兽一样 → 48

Chapter 3　介质的阻力 → 51

子弹与空气 → 52　　　植物没有发动机，却可以飞翔 → 57

超远距离的射击 → 53　　　延迟开伞跳伞 → 59

纸风筝为什么能够飞起来 → 55　　　飞去来器 → 60

活的滑翔机 → 56

Chapter 4　转动和永动机 → 63

怎样分辨熟鸡蛋和生鸡蛋 → 64　　　"小故障" → 73

疯狂魔盘 → 65　　　乌菲姆采夫储能器 → 75

墨水旋风 → 67　　　怪事不怪 → 76

受骗的植物 → 68　　　其他永动机 → 78

永动机 → 69　　　彼得大帝时代的永动机 → 79

Chapter 5　液体和气体的特征 → 85

关于两把咖啡壶的问题 → 86　　　哪一边更重 → 90

古人不知道什么 → 87　　　液体的天然形状 → 91

液体向上产生压力 → 88　　　铅弹为什么是圆形的 → 94

没有底儿的高脚杯 → 95

煤油的有趣特性 → 96

不会沉入水底的硬币 → 98

用筛子盛水 → 99

泡沫如何为技术服务 → 100

臆想的永动机 → 102

肥皂泡 → 104

什么是最薄、最细的东西 → 108

不湿手 → 109

我们怎么喝水 → 110

改进的漏斗 → 111

一吨木头与一吨铁 → 112

没有重量的人 → 113

永动的钟表 → 117

Chapter 6　热现象 → 119

"十月"铁路夏天长还是冬天长→ 120

没有受到惩罚的盗窃 → 122

埃菲尔铁塔有多高 → 123

从茶杯到玻璃管液位计 → 124

靴子的故事 → 126

奇迹是怎样创造出来的 → 127

不用上发条的钟表 → 129

香烟能教会我们什么 → 131

在开水中不会融化的冰块 → 132

放在冰上还是放在冰下 → 133

为什么窗子关上了，还是有风吹进来→ 134

神秘的风轮 → 135

皮袄能够温暖我们吗 → 136

我们的脚下是什么季节 → 138

用纸锅煮鸡蛋的秘密 → 139

为什么冰是滑的 → 141

关于冰柱的问题 → 143

Chapter 7　光线 → 145

被捉住的影子 → 146　　　　搞怪照片 → 149

鸡蛋里的小鸡雏 → 148　　　关于日出的问题 → 151

Chapter 8　光的反射和光的折射 → 153

看穿墙壁 → 154　　　　　　　魔幻宫殿 → 166

砍掉的脑袋还能说话 → 156　　光为什么会发生折射 → 168

放在前边还是后面 → 157　　　什么时候走长路比走短路还要快 → 170

我们能看见镜子吗 → 158　　　新鲁滨孙 → 174

我们在镜子里面看见的是谁 → 158　怎样用冰来生火 → 177

对着镜子画画 → 160　　　　　借助阳光的力量 → 179

最短路径 → 161　　　　　　　关于海市蜃楼的旧知识和新知识 → 181

乌鸦的飞行路线 → 163　　　　《绿光》 → 184

关于万花筒的老故事和新故事 → 164　为什么会出现"绿光" → 185

Chapter 9　一只眼睛和两只眼睛的视觉差异 → 189

没有照片的年代 → 190　　　　放大镜的奇怪作用 → 192

为什么很多人不会看照片 → 191　照片放大 → 193

给画报读者的建议 → 194

什么是实体镜 → 196

天然实体镜 → 197

用一只眼睛看和用两只眼睛看 → 201

巨人般的视力 → 202

实体镜中的浩瀚宇宙 → 205

三只眼睛的视觉 → 206

光芒是怎样产生的 → 207

快速运动中的视觉 → 209

透过有色眼镜 → 211

"光影奇迹" → 212

出人意料的颜色变化 → 213

书的高度 → 215

钟楼上大钟的大小 → 216

白点和黑点 → 217

哪个字母更黑一些 → 219

复活的肖像画 → 221

插在纸上的线条和其他视错觉 → 222

近视的人是怎样看东西的 → 226

Chapter 10　声音和听觉 → 229

怎么寻找回声 → 230

用声音代替尺子 → 233

声音反射镜 → 234

剧院大厅里的声音 → 236

海底传来的回声 → 237

昆虫的嗡嗡声 → 239

听觉上的错觉 → 240

蝈蝈的叫声是从哪里传出来的 → 241

听觉奇事 → 243

Chapter 1
速度和运动

我们的运动速度有多快

一个专业的长跑运动员跑完1500米，需要3分35秒左右（也就是每秒约7米）。而一个普通人行走的速度为每秒钟1.5米，经过比较可以直观地发现，二者速度差别之大，一个优秀运动员跑一秒可以比一个普通人走一秒多出5米多。不过，长跑运动员的速度和普通人步行的速度当然不能用同一个标准来衡量，两者各有优势。步行的人走得慢，但他可以连续走几个小时。运动员的速度虽然很快，但只能持续很短的时间就得停下来休息。同样的道理，比如军人在急行军的时候，每秒钟大概走2米，速度比赛跑的人要慢很多，只有其1／3左右，但他们的优势在于坚持时间长，能够不停歇地一直走十几个小时，甚至一整天，这都是长跑运动员没法比的。

如果拿我们人类与蜗牛、乌龟这样的动物相比，那人类的速度就显得格外快了。大家都知道，蜗牛和乌龟的速度那可是相当的慢。比如，蜗牛，你要仔细盯着看，才能看到它在挪动，它一秒钟只能爬动1.5毫米，也就是一小时只能移动5.4米，而一个大人走一个小时差不多是5400米，简单比较可以发现，蜗牛的行进速度是人的速度的千分之一！乌龟也很慢，但爬行速度比蜗牛还是要快多啦，乌龟每小时能爬动70米左右，是蜗牛的10多倍。

拿人跟慢吞吞的蜗牛、乌龟相比，人绝对是闪电般的速度了，但如果跟另外一些动物相比，人可就显得没那么快了。比如，令人讨厌的苍蝇。苍蝇每秒钟能飞行5米，而一个普通人行走速度每秒只有1.5米，人要是和苍蝇比赛的话，人恐怕要穿着溜冰鞋才能追上。如果人和野兔或者猎狗这样的动物比赛，人类就是骑着快马都撵不上了。至于老鹰这种速度极快的动物，人要想追上它，估计就得坐飞机了。

尽管人的速度比不上很多动物，但是人类却是最聪明的。人类发明了各种速度很快的工具，比如，汽车、飞机，还有火箭等，这样人类就成为世界上速度最快的动物了。

我们曾设计过一种带潜水翼的客轮，时速可以达到60千米~70千米。陆地上运动的很多交通工具，甚至可以移动得更快。客运火车的速度可以达到时速100千米以上。图1所示的新型轿车吉尔-111，速度达到了170千米／小时，"海鸥"汽车的速度达160千米／小时。

图1　新型轿车吉尔-111。

图2 图-104飞机。

	米／秒	千米／小时
蜗牛	0.0015	0.0054
乌龟	0.02	0.07
鱼	1	3.5
步行的人	1.4	5
骑兵常步	1.7	6
骑兵快步	3.5	12.6
苍蝇	5	18
滑雪的人	5	18
骑兵快跑	8.5	30
水翼船	17	60
野兔	18	65
鹰	24	86
猎狗	25	90
火车	28	100
小汽车	56	200
竞赛汽车	174	633
大型民航飞机	250	900
声音（空气中）	330	1200
轻型喷气飞机	550	2000
地球的公转	30000	108000

飞机可以达到更快的速度，远比前面提到的几种交通工具要快得多。图2所示的图-104飞机，曾经服务于多条民用航线，时速可以达到800千米。以前，对于生产超音速（声音的速度是330米／秒，也就是1200千米／小时）飞机而言，还是一个难以逾越的困难，但现在，已经可以生产出时速达到2000千米的小型喷气式飞机。

就目前来说，人类可以制造出速度更快的工具。在我们生活的大气层边缘，运行着一种更快的设备，那就是人造地球卫星，它每秒运行的速度就高达8千米。

宇宙飞船，在飞离地面时的初始速度超过了令人惊叹的11.2千米／秒，达到了 第二宇宙速度 。

第二宇宙速度是指可以摆脱地球引力的束缚，飞离地球，进入环绕太阳运行的轨道的速度。第一宇宙速度，也叫环绕速度，是指航天器绕地球表面做圆周运动时必须具备的速度。

与时间赛跑

有一个特别有意义的问题。我们想象一下，如果在上午8点钟，从符拉迪沃斯托克（海参崴）出发，那么在当天的同一时间，上午8点钟，能否到达莫斯科？答案是肯定的。在这里，需要首先弄清楚这样一个问题，符拉迪沃斯托克与莫斯科之间的时差是9个小时，也就是说，如果飞机在莫斯科与符拉迪沃斯托克之间的飞行时间也是9个小时，那么，到达莫斯科的时间，就正好是飞机在符拉迪沃斯托克的起飞时间。

符拉迪沃斯托克到莫斯科的距离大约有9000千米，也就是说，如果飞行时间是9个小时的话，飞机的飞行速度必须达到时速1000千米，在现代化的技术条件下，完全可以达到这个速度。

要实现飞机沿着纬线飞行，并"超过太阳"（另一种意义上说，"超过地球"），要求达到的速度并不是很高。在南北77度纬线上，飞机飞行的时速只要达到450千米就可以实现。这样，飞机就可以跟随地球自转的方向与地球保持相对静止的状态，乘客从飞机上向外看，太阳就是静止不动的，永远不会落下，当然，这需要飞机朝着地球自转的方向飞行。

我们都知道，月球是地球唯一的卫星，每天都在围绕地球旋转。那么，我们能不能"超过"月球呢？答案是肯定的。月球围绕地球自转的速度是地球自转速度的$\frac{1}{29}$（这里的速度是指角速度，而非线速度），所以说，如果一艘轮船以时速25千米～30千米，沿着月亮围绕地球旋转的纬线方向航行，就可以在中纬度地区"追上"月球。

> 马克·吐温（1835~1910），美国幽默大师、小说家，美国批判现实主义文学的奠基人。

著名作家 **马克·吐温** 在随笔中也曾谈到过这一现象。从纽约到亚速尔群岛的飞行途中，要穿越整个大西洋，一路上总是晴空万里，晚上甚至比白天的天气还要好得多。

日常生活中，我们常常发现这样一种现象，就是在每天晚上的同一时间，月亮总是出现在天上的同一位置，这是为什么呢？如果不知道这一现象其中的原委，是很难理解的。但是现在我们知道了：我们在经度上以每小时跨越20分的速度向东行驶，这一速度正好是地球和月球同步的速度。

千分之一秒

对于我们人类来说，能够感知的最小计时单位可能就是"秒"了，但是，还有比"秒"更小的计时单位，比如说"千分之一秒"。我们经常认为它跟零差不多，但是在实际生活中，这么微小的计时单位，应用却很广泛。在没有办法获得精确时间的年代，我们只能利用太阳的高度或阴影的长短判断大概的时间，想要精确到分钟根

图3 在18世纪之前，人们都是根据太阳的高度
（左）或者影子的长度（右）来判断时间的。

本不可能（图3），更不要说精确到"秒"了。那时，人类根本想象不到

一分钟是个什么概念，也不需要知道一分钟能做什么，人类的生活不需要精确到分钟，生活很悠闲，他们的计时工具只有日晷、滴漏、沙漏等，这些计时工具根本没有"分钟"的刻度（图4）。18世纪初，计时工具上出现了指示"分钟"的指针，大约100年之后，也就是19世纪初，才出现了秒针。

那么，说了这么多，在千分之一秒这么短的时间里，我们到底能够做些什么呢？实际上，可以做的事情有很多。对于火车来

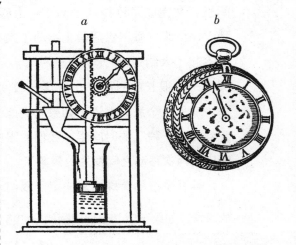

图4 a图是古代人用的滴漏计时器，b图是怀表。这两种计时工具都没有分钟的刻度显示。

说，这点儿时间算不上什么，也就只能走3厘米，但是对于声音来说，却可以走33厘米，超音速飞机则可以走大约50厘米。对于地球来说，它可以围绕太阳走30米。而对于光，在千分之一秒的时间里，它可以走300千米。

在自然界，我们周围生活着很多微小生物，如果它们也会思想，肯定不会跟我们一样，抱着"无所谓"的态度。对于千分之一秒的时间，它们完全可以觉察得到。比如，在一秒钟的时间里，蚊子的翅膀上下振动的次数达到500次~600次，也就是说，在千分之一秒的时间里，它可以把翅膀抬起或者放下超过一次。

作为人类来说，任何器官的运动速度，根本不可能像昆虫那样快。在人类器官的运动中眨眼是速度最快的运动，就是我们常说的"转瞬"或者"一瞬"，这个速度确实很快，快到我们根本察觉不到自己眨眼了。对很多人来说，可能根本就没有思考过这个速度到底有多快。但是，如果用千分之一秒作为计时单位来量算，这个"转瞬"却进行得非常慢。曾经有人做过测量，"一瞬"大约是0.4秒，也就是千分之一秒的400倍。在这一时间里，共完成了这样几个动作：上眼皮垂下（大约75个~90个千分之一秒），上眼皮垂下然后静止不动（大约130个~170个千分之一秒），上眼皮抬起（大约170个千分之一秒）。从这里可以看出，"一瞬"的时间其实是一个很长的时间了，在这一时间里，眼皮甚至还可以得到短暂的休息。从另一个意义上说，如果我们能够感知到千分之一秒的时间，就可以看到在"一瞬"的时间里，我们的眼皮完成了上下两次移动，也能看到在眼皮的两次移动之间发生的景象了。

神经系统的特殊构造决定了我们无法感知到千分之一秒的时间里发生的事情，如果可以，我们周围的一切将变得不可想象。作家 乔治·威尔斯 曾

乔治·威尔斯（1866~1946），英国著名小说家，尤以创作科幻小说闻名于世。他还是一位社会改革家和预言家。

经写过一篇小说《时间机器》。在书里，作者对这一景象进行了生动的描写刻画。小说的主人公无意间喝下了

一种被称作"最新加速剂"的药酒。这种神奇的药酒可以使人的神经系统发生改变，看到速度极快的东西。

关于这一神奇的景象，我们可以从下面摘录的小说里感知一二：

"在这之前，你是否看见过窗帘像这样牢牢地贴在窗子上？"

我向窗帘望去，仿佛看到窗帘冻僵了一样，它的一角被风卷起来后，就那样始终保留着卷起来的样子。

"我从没有看到过这样的景象，"我说，"真奇怪！"

"还有更奇怪的呢？"他一面说着，一面松开手中的玻璃杯。

我想，杯子肯定会摔碎的，但是奇怪的是，杯子就那样一动不动地停在半空中。

"你肯定知道，"希伯恩说，"物体在自由下落的时候，第一个1秒里，它的下落高度是5米，这只杯子下落的距离也是5米。但是，你知道吗，现在只过去了不到 百分之一秒 ，从这件事情上，你可以更进一步地感受到'加速剂'的神奇功效。"

> 请注意，物体在做自由落体运动的时候，在第一个1秒的百分之一秒里，下落的高度并非是5米的百分之一，而是5米的万分之一，也就是0.5毫米；在第一个千分之一秒里，下落的高度只有0.005毫米。

玻璃杯在慢慢地下落，希伯恩的手就那样在杯子的四周和上下方自由旋转着……

我向窗外望去，一个人骑着自行车，在追赶一辆汽车，自行车僵在那儿，汽车也一动不动，车后弥漫着同样僵化的卷起的尘土……突然，我的目光被一辆僵在那儿的马车吸引了过去，马车的车轮、马蹄、鞭子，甚至正在打呵欠的车夫的下腭，运行的轨迹都尽收眼底，动作很慢、很清晰；坐在车上的

人就像石膏像一般，完全僵在那儿…… 一个乘客在迎着风折起报纸，就那样僵在那儿，但是，我知道，根本就没有风。

……刚才我谈到、想到和做到的这一切，都是"加速剂"在我体内发挥作用的结果。

对于浩瀚的宇宙来说，这些都是一瞬间发生的事。

读者一定很想知道，现在我们有那么多高度精密的科学仪器，它们能够测量的最短时间是多少呢？20世纪初的时候，人类就可以利用仪器测量万分之一秒的时间。现在，人类甚至可以测量千亿分之一秒的时间，这一数值是在实验室里得到的。这一数值是个什么概念呢？这一数值约等于1秒钟和3000年的比值！

时间放大镜

在乔治·威尔斯写小说《时间机器》的时候，他可能没有想到，这种事情会在实际生活里真正出现。但不得不说，他很幸运——这一天到来的时候，他仍然健在，虽然只是通过电影银幕，他却用自己的眼睛亲眼看到了他在小说里想象的景象，我们把这称为"时间放大镜"。意思就是说，通过银幕，我们可以把平常运行速度很快的动作放慢速度，进而展现出细节。

其实，这里的"时间放大镜"就是一部摄像机，当然，它和普通的摄像机也有不同之处，普通摄像机每秒只能拍摄24张相片，而这种特殊的摄像机，每秒可以拍出多得多的相片。如果把这部特殊摄像机拍摄的相片用24张每秒的速度播放出来，那么我们看到的动作拖长了，就是速度被放慢了很多倍的景象。这一现象，读者可能在电影中也经常看到，比如说，运动员在跳高的时候，我们就可以通过放慢动作看到跳高的细节。现在，通过更先进更复杂的科学仪器，我们已经可以将动作放得更慢，基本上和威尔斯小说里描写的情形所差无几了。

我们何时绕太阳运动得更快些

在巴黎，有一份报纸曾经刊登过这样一则广告：

> 每个人，只要付25生丁钱（法国的一种旧式货币单位，100生丁等于1法郎），就可以实现一次既经济实惠又毫无痛苦可言的旅行。

广告一经刊登，真的有人按照地址寄出了25生丁钱。没多久，寄出钱的人都收到了这样一封信：

> 先生，请记住并按照我说的做：安静地躺到床上，您知道，我们生活的地球，每天都在旋转运行着。在巴黎所在的纬度——49度——上，您每天运行的距离是2.5万千米。当然了，如果您想看一下沿路的美好景象，就请打开您家的窗帘，尽情欣赏这美丽的星空吧！

登广告的先生最终被人以欺诈罪起诉到法院，法院对他进行了判决，并处以罚金。据说，处罚结果出来后，这位先生戏剧般地站起来，引用了伽利略的话为自己辩解：

"可是，不管怎么说，它真真切切地走了那么远啊！"

从某种意义上来说，这位被告是正确的。人类只要生活在地球上，就在不停地绕着地轴"旅行"。还不止如此，与此同时，地球还在以更快的速度绕着太阳旋转。每天，地球都带着生活在它上面的所有生物，绕着地轴旋转着，同时，每秒在天体空间运行的距离是30千米。

这时，我们又遇到了一个更有趣的问题：我们天天生活在地球上，但是，你知道什么时候我们绕太阳旋转得更快吗，是白天还是晚上？

这个问题，其实并不是很容易让人理解。我们知道，如果地球的一面是白天，它的另一面就一定是晚上，那么，提出这个问题有什么意义吗？从表面上看，似乎真的没什么意义。

但是，这一问题的本意并非如此。这一问题的本质不是问整个地球什么时候旋转得比较快，而是问在浩瀚的宇宙间，生活在地球上的我们，到底什么时候运动的速度更快。这个问题就不是简单得毫无意义了。在太阳系，我们每天都在进行两项运动：在绕太阳公转的同时，我们还在绕地轴自转。这两项运动叠加到一起，得出的结果并非始终相同，这要看我们在地球白天的那一面，还是晚上的那一面来决定，如 图5 所示。从图上可以看出，在午夜的时候，地球自转的方向和公转前进的方向相同，自转速度和公转速度要相加。

但是，在正午的时候恰恰相反，地球自转的方向和公转前进的方向相反，实际速度是公转速度减去地球自转的速度。也就是说，在太阳系里，我们午夜的运动速度要

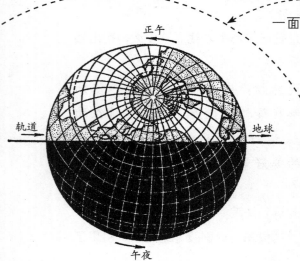

图5　地球绕太阳旋转时，夜晚半球比白天半球的
速度更快一些。

快于正午的运动速度。

在赤道上，每一点的运动速度是0.5千米／秒，也就是说，在赤道地带的物体，正午和午夜的运动速度相差达到1千米／秒。再举个例子，对于在纬度60度上的圣彼得堡来说，这儿的居民，午夜运动的速度要比正午快0.5千米／秒，速度只有赤道地带的一半。这一点，只要学过几何学的人，就可以换算出来。

车轮之谜

我们可能都玩过这样一个游戏，把一张带颜色的纸片贴在自行车或汽车的车胎上，那么，在自行车或汽车前进的时候，就可以发现一个惊奇的现象：当纸片转到车轮最底端，也就是车轮跟地面接触的那一端时，我们可以很清楚地看到纸片的移动，但是当它转到车轮最顶端，也就是车轮上端的时候，却一下就闪过去了，根本来不及看清楚纸片的移动。

这么说来，车轮的上端似乎比下端转动得要快一些。这种现象是普遍的，你可以随便找一辆行驶着的车子，从上下轮辐上看，你看到的永远是轮子的上轮辐几乎连成一片，而下轮辐就不一样，可以清楚地看清楚车轮的每一条辐条。这一现象，容易让人形成这样一个感觉：车轮的上端似乎比下端旋转得更快，是真的吗？

说到这里，该如何解释这一奇怪的现象呢？其实，很简单，也很容易解释：车轮的上端确实要比车轮的下端移动得更快些。这么说，

你可能一时无法理解，但是，如果换一个角度想这个问题，就很容易理解了。

前面已经说过，在旋转着的物体上，每一个点的运动都是由两部分叠加而成的，车轮也是一样：一个是绕车轴旋转的运动，一个是与车轴一起向前的运动。所以，就跟地球上的情形一样，两个运动叠加到一起，得到的结论就是，车轮的上端和下端运动的速度是不同的。对于车轮的上端来说，由于车轮自身的旋转方向跟车轴前进的方向是相同的，也就是说，两个方向的速度要相加。但是对于车轮的下端来说，两个方向是相反的，两个方向的速度叠加的时候是相减的，因此速度也就慢了下来。在旁边处于静止状态的我们看来，车轮上端移动的速度比下端快，就很容易理解了。

如图6所示，我们可以通过一个简单的实验来证明这一现象：

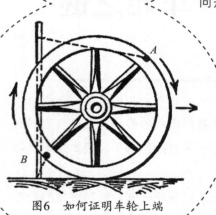

图6　如何证明车轮上端比下端运动得更快？

在一辆车子的车轮旁边的空地上，插上一根木棍，要求这根木棍恰好竖直地穿过车轮的轴心，然后，用粉笔或炭块在轮缘的最上端和最下端分别画出一个标记，我们把它们记为A和B，这两个标记应该恰好是木棍通过轮缘的位置。这时，把车轮缓缓滚动，使轮轴离开木棍20厘米～30厘米，刚才画出的两个标记，都移动了一定的距离。但是，不同的是，上面的标记A移动的距离比较长，而下面的标记B却只离开木棍一点儿距离，也就是说，上面的标记A显然比下面的标记B移动的距离要大得多。

通过刚才的实验，我们可以得出这样一个结论，车子在向前行驶的过程中，车轮上各点的运动速度并不一样。那么，我们可能会想这样一个问题：车轮在旋转的时候，究竟哪个部分旋转得最慢？

车轮上转得最慢的部位

其实，不难想象，运动最慢的部分就是车轮前进时，它与地面接触的那一点。从严格意义上说，这个点在与地面接触的那一瞬间，它并没有向前移动，这很容易理解。

前面说了那么多，我们得出的结论，都是对于向前移动的车轮来说的，而对于在固定轮轴上旋转的轮子来说，这一结论就不适用了。比如说，飞轮在运行过程中，轮缘上每一点的运动速度都是相同的。

这个问题不是玩笑

下面，我们来看另一个有趣的问题：一列火车从A地出发，驶向B地，那么，在这列火车上，是否存在这样一些点，在与铁轨的相对关系上，跟火车运行的方向是相反的，也就是从B地向A地？

你可能会认为，怎么会有这样的问题？但是，实际上，在这列火车的每个车轮上，确实存在着这样的一些点，在某个瞬间与火车行驶的方向相反。

说到这里，你可能会问，这些点究竟在哪里呢？

我们都知道，在火车轮缘上有一个凸出来的边。那么，我可以告诉你，在火车向前行驶的时候，这个轮缘上凸出来的边在运行过程中，最低端的那一点是向后移动，而不是向前移动的。

是不是觉得很奇怪？下面，我们通过一个实验来验证这一结论（参见图7）：

●先找一个圆形的物体，比如一枚硬币，或者一个纽扣，都可以。

●在这个物体的直径

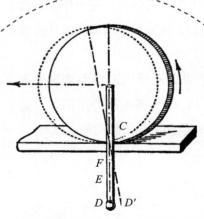

图7 当硬币向左滚动的时候，露在硬币外面的火柴部分的F、E、D各点却在向后移动。

上，粘上一根长火柴，需要注意的是，火柴的长度要比这个圆形物体的直径长得多。

● 把这个圆形物体放在尺子边缘上的点C上，让这个圆形物体沿着尺子由右向左滚动。

这时，我们可以清楚地看到，火柴上的点F、E、D不但没有向着物体移动的方向向前移动，相反，这些点都在向后退！

而且，从点D的运动轨迹，我们还可以看出，在圆形物体向前滚动的时候，距离圆形物体边缘越远的火柴上的点，向后退的现象越明显。

在火车向前行驶的时候，火车车轮凸出来边缘的最下端，与刚才的实验中火柴末端是一样的，都是向后移动的。

说到这儿，如果我再说，在向前行驶的火车上有一些点，在某一瞬间，并不是向前移动，而是向后退，你一定不会感到不可思议了吧。虽然这些向后移动的点只历时不到一秒钟，但是，我们不得不承认，在向前行驶的火车上，确实存在着这样一些点，它们是向后退的。如图8和图9所示，从图中，我们可以很清楚地理解这一点。

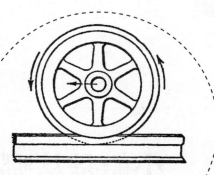

图8　当火车车轮向前移动时，车轮下部向后移动。

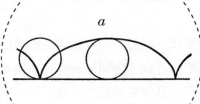

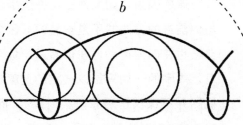

图9　a图显示了行驶中的车轮的运动轨迹，b图显示了火车车轮凸出来的点所画出的轨迹。

17

小船是从哪里驶来的

这里，我们做一个假设，如图10所示，有一只舢板在湖上划行，箭头 a 表示舢板的行驶方向和速度。在舢板的前面有一只帆船，也在行驶，箭头 b 表示帆船行驶的方向和速度。从图中可以看出，帆船的行驶方向与舢板行驶的方向是垂直的。如果我问你，这只帆船是从哪个方向驶来的，你肯定能够马上指出岸边上的某一个点，但是如果你是坐在舢板上，我再问你同样的问题，那么你可能指出的就是另外一点。这是为什么呢？

这是因为，如果你是坐在舢板上，那么，在你看来，帆船行驶的方向与你前进的方向并不是垂直的。因为，相对于舢板而言，你并没有感觉到自己也在向前运动，在你看来，你可能感到自己是静止不动的，相对你而言，周围的一切只是以一定的速度在向反方向移动。因此，对于你来说，帆船并不仅仅是沿着箭头 b 移动，而且还沿着跟舢板行驶方向相反的虚线箭头 a 的方向移动，如图11所示，也就是说，帆船行驶的方向是两个运动的组合，一个是实际运动，一个是视运动。根据平行四边形法则，这两个运动合起来的运动，使得在舢板上的你感觉帆船在沿着用 a 和 b 做邻边的平行四边形的对角线移动，正是由于这个原因，坐在舢板上的你就会认为帆船的出发点不是岸边的点 M，而是点 N，如果按照舢板前进的方向来看，这个点在点 M 的前面。

图10 帆船沿着舢板的垂直方向行驶。a、b两箭头分别表示两船的行驶方向和速度。在舢板上的人看来，帆船是从哪儿出发的？

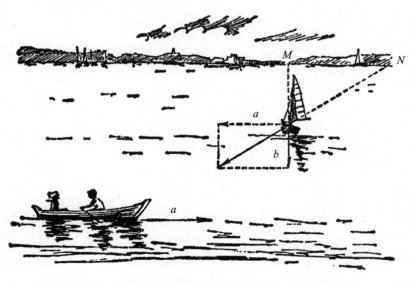

图11 在舢板上的人觉得帆船并没有沿着M点的方向垂直行驶，而是从N点出发倾斜行驶的。

如果我们沿着地球公转的轨道运动，那么，在遇到星体的光线时，对于各个星体位置的判断，就容易跟舢板上的乘客一样，犯同样的错误。因此，对于我们来说，总是感觉到各星体的位置沿着地球运动的方向向前移了一些。当然了，与光速相比，地球移动的速度太渺小了（约等于光速的万分之一），所以我们可以说，星体的视位移很微小，但是通过天文仪器，我们仍然可以看到这个位移。我们把这一现象称为光行差。

前面这些问题，一定引起了你浓厚的兴趣，现在，帆船的问题解决了，那么下面这两个问题，你能找到答案吗？

●作为帆船上的乘客，你觉得舢板在向什么方向行驶？

●作为帆船上的乘客，你认为这只舢板要划到哪儿去？

如图11所示，要找到这两个问题的答案，需要在 a 线上为速度画出平行四边形，这时，对于坐在帆船上的乘客来说，就会认为平行四边形的对角线就是舢板行驶的方向，舢板在他们前方，斜向前行驶，好像舢板马上就要靠岸。

Chapter 2
重力・重量・杠杆・压力

请站起来

如果我们之间有这样一段对话——"这儿有一把椅子，先请你坐下，但我敢肯定，即使我不用绳子把你绑到椅子上，你也肯定站不起来"，你一定觉得我疯了。

如 图12 所示，图中有一把椅子，如果你按照图示的样子坐下，上身挺直，两只脚也按照图示的样子放好。那么，现在让你站起来，前提是上身不得前倾，两只脚的位置也不准移动，你真的能站起来吗？

哈哈，不行吧！不管你用多大的气力，只要你上身不前倾，两只脚的位置也不移动，你根本不可能站起来。

这是怎么回事呢？这里，我们需要弄清楚一个问题，就是关于物体以及人体如何保持平衡的问题。一个物体要想保持平衡，不倒下，必须满足一个条件：从这个物体的重心向下引垂线，垂线必须不能越出物体的底面。只有满足这个条件

图12　如果以这个姿势坐在椅子上，你一定无法站起来。

时，物体才能保持平衡，不倒下。

如 图13 所示，毫无疑问，图中的斜圆柱体肯定无法保持平衡，会倒下。但是如果圆柱体的底面足够宽，从它的重心引垂线，垂线能够通过底面中间，那么这个圆柱体就能够保持平衡，不倒下。

图13 这个圆柱体一定会倒下，因为它的重心引出的垂线超过了它的底面。

除了著名的比萨斜塔，在俄罗斯的阿尔汉格尔斯克也有一座同样原理的"危楼"。如图14所示，虽然它倾斜得已经相当严重了，但为什么都没有倒下呢？当然了，建筑的基石仍然深埋在地面以下，我们说这只是一个次要原因，最根本的原因就是，如果从它们的重心向下引垂线，都没有越出它们的底面。

图14 俄罗斯阿尔汉格尔斯克也有一座"危楼"。

如 图15 所示，一个站立的人要想不跌倒，必须满足下面的条件：从他的重心向下引垂线，引出的垂线要始终保证在两只脚的外缘所形成的狭小范围内。所以，想用一只脚站稳还是比较难的，如果是想在钢索上站稳就更难了。这是因为，底面所形成的范围太小，从重心向下引垂线的时候，引出的垂线很难做到始终在底面范围内。说到这儿，你可能会想到老水手们奇怪的走路样子。由于他们一辈子基本都生活在摇摆的船上，而在船上行走的时候，

图15　一个人站立的时候，他的重心引出的垂线始终保证要在两只脚的外缘所形成的狭小范围内。

要想保持身体平衡不跌倒，必须始终保证从重心引出的垂线时刻在两只脚之间的底面范围内，所以他们尽可能放大两脚之间的范围，久而久之，就形成了习惯，在陆地上的时候，他们走路的姿势还是跟在船上时一样。

其实，反过来说，通过保持这种平衡，也会给我们带来美的享受。

我们都知道，有的少数民族喜欢把重物顶在头顶走路，而且走路的姿态非常优美。有一幅名画画的就是：一个女人头上顶着一把水壶，姿态非常优美。当把重物顶在头顶时，人们不得不始终让头部和上半身保持笔直，以保证从重心引出的垂线在底面范围内，否则一不小心就可能会跌倒。因为这时候人的重心更高，更不容易保持平衡。

现在，我们回到一开始的问题，就是让你坐下后再站起来的实验。

一般来说，一个人坐下后的重心位置在靠近脊椎骨的地方，大约比肚脐高20厘米左右。那么，当我们从重心向下引垂线的时候，这条垂线肯定会穿过座椅，落到两脚后方。刚才已经说过，要想站起来，必须保证这条垂线不能越出两脚之间的范围。

所以，要想站起来，我们经常的做法有两种，一种是身体前倾，一种

是两脚后移。前一种的目的就是把重心前移；后一种则是为了使从身体重心引出的垂线能够落到两脚之间的范围内。

在日常生活中，我们正是这么做的。如果我们不这么做，想要从椅子上站起来，是根本不可能的，刚才的实验也证实了这一点。

每天，我们都在做很多动作，这一点毋庸置疑。有人说，我对自己所做的动作再了解不过了。那么，真的是这样的吗？举个例子来说，比如说走路和跑步，你真的很了解吗？现在，我

行走与奔跑

来问你：对于走路和跑步，你知道多少？你知道我们在走路和跑步的时候，究竟是怎么移动身体的？走路和跑步二者之间的不同是什么？对于很多人来说，就不是那么容易回答了吧！我相信，很多人是第一次深入思考这个问题。那么，我们不妨先听一听生物学家是怎么解释这两项运动的。

现在，我们假设有一个人站在地上，而且是用右脚站立，那么，如果他抬起右脚，并身体前倾（人在走路的时候，每向前迈一步，相当于在支撑脚上增加了20千克的重量，也就是说，人在走路的时候，对地面的压力要比站立的时候大），从重心引出的垂线明显超出了他的脚所覆盖的范围，如果他不做什么，肯定要跌倒。在这个跌倒的现象还没有发生的时候，如果他的左脚紧跟着移到前面，并且超过刚才的垂线，落到前面的地上，那么这时候的垂线就落到了两脚之间的地面中间，这样的话，原来即

将失去的平衡就会恢复，这个人就向前迈出了一步。

当然，这个人完全可以继续保持这种吃力的状态，但是，如果他想前进，就不得不继续让自己的身体前倾，从而使自己的重心越过脚所站立的底面，并保持前倾的姿势，这时，如果继续伸出另一只脚，也就是右脚，那么就代表他向前迈了一步，不停地重复这一动作，这个人就一步一步地前进。所以，我们可以说，走路其实就是一个接一个的身体前倾，并及时跟上另一只脚来保持身体的平衡（图16）。

人在走路时两脚的动作如图17所示。上面的线段A代表其中一只脚，下面的线段B代表另一只脚。直线代表脚与地面的接触时间，弧线代表脚离开地面的移动时间。从图中，我们可以看出，在时间a里，两脚同时站在地上；在时间b里，脚A在空中，脚B在地上；在时间c里，两脚又同时落地……前进的速度越快，时间a和c就越短。这一点，可以从图18与图19所示的跑步图中看出来。

我们不妨再把这一问题深入思考一下。在第一步迈出的时候，如果右脚没有离开地面，左脚落到了前面的地面上，那么如果前进的步幅还比较大，右脚的脚跟就不得不抬起来，因为如果不抬起来，就无法身体前倾，也就没办法破坏之前的身体平衡。前进的时候，左脚也是脚跟先着地。紧跟着，左脚的整个脚底落到地上，右脚离开地面，并变为弯曲状态，并向前移动。与此同时，由于大腿骨三头肌收缩，左腿在这一瞬间由原来的弯曲状态变为竖直状态。随着身体的前进，在迈出第二步的时候，右脚跟落下。这使得半弯曲的右脚可以离开地面向前移动，并且跟着身体的移动把右脚掌恰好在走第二步的时候放下。

然后，左脚也是脚跟先抬起来，然后整只脚离开地面，跟右脚一样，重复前面的动作。

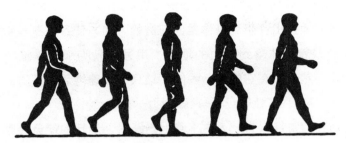

图16　行进时，人的连续动作。

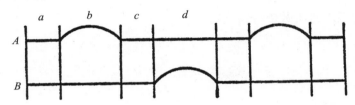

图17　人在走路时两脚的连续动作图解。A、B分别代表两只脚的运动轨迹。

图18　跑步时，人的连续动作。

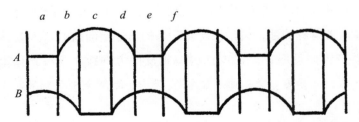

图19　人在跑步时两脚的连续动作图解。b、d、f点是人双脚悬空的时刻。这是人在跑步与行走时双脚轨迹的不同之处。

跑步和步行有所不同，人本来是站在地面上的，借助肌肉的突然收缩，向前强力地弹出，整个身体抛向前进的方向，使身体在一瞬间全部离开地面。紧跟着身体落到前面的地上，用另一只脚来支撑整个身体，然后，在身体仍然停留在空中的一瞬间，这只脚迅速地迈到前方。所以，跑步其实就是一连串的飞跃，从一只脚到另一只脚。

过去，我们曾经以为，人在平路上走路时，消耗的能量为零，其实不然。人在走路的时候，每走一步，重心至少都要上移几厘米。通过计算，我们可以得出，人在平路上走路时所做的功，大约是把这个人提高到前进距离相等高度时所做功的1／15。

应该怎样从行进的车厢中跳下来

"如果你想从一列行进的火车上跳下来，从哪个方向跳才最安全？是向前跳，还是向后跳呢？"无论谁看到这个问题，根据经验判断，可能都会这样回答："当然是车向哪儿开，就往哪个方向跳，惯性决定的嘛！"但真是这样的吗？我们不妨开动脑筋，仔细想想，如果真用惯性原理去解释的话，列车往前开，人的惯性是向前的，人要从车上跳下来，就应该向后跳，就是向这列车相反的方向跳，这样，落地的速度才会慢一些，才更安全才对啊！这样的话，上面那个想当然的答案就是错误的了。

但事实真的是这样的吗？当然不是。因为这时候决定我们应该向哪个方向来跳的不是惯性这个因素，惯性这时候只是个配角，要想更安全地跳车，还有另外一个决定因素，那就是人的行走动作和自我保护能力。

下面就假设你遇到紧急情况，必须从一辆正在行进中的车子上跳下来，那么向前跳或者向后跳，分别会出现什么样的情况呢？

根据惯性的原理，假如我们从行进的车子上跳出来，我们的整个身体离开车厢的时候，还是会保持和车子一样的速度向前运行。这时，如果我们向前跳，那么人的速度就是惯性的速度（也就是车子的速度）和跳跃的速度的总和，显然要大于车子的速度。

而如果我们向后跳，人的速度就是人跳下的速度减去惯性的速度（即车子的速度），人的速度就慢很多。从安全的角度来讲，人的速度越慢，落地的冲击力就会越小，那么就更不容易受伤。

按照上面的分析，似乎很容易就得出结论，为了更安全地落地，不要和地面发生太大冲撞，那就应该往后跳才对。但是事实上，无论是看到的还是听说的，几乎所有人在不得不选择跳车的时候，基本都是向前跳的。而无数次的实践证明，向前跳虽然速度更快，但却更安全，这才是最好的跳车方法，读者们要牢牢记住，遇到万不得已要跳车的时候，一定要往前跳，因为往后跳，虽然落地速度慢，但人的身体却非常别扭，更容易受伤，下面就来具体说一说，除了惯性之外的这个决定性因素。

其实，上文所分析的向前跳的人的落地速度快，向后跳人的落地速度慢，所以人向后跳冲击力更小，这种论述是不完整的，所以是不准确的。因为脚在落到地面上时就会停止运动，而人的上半身还在运动，所以无论是向前跳还是向后跳，人都有跌倒的危险。

既然都有跌倒的危险，那么哪种危险更小呢？答案还是向前跳。因为我们向前跳时，虽然身体的运动速度比向后跳时要快，但我们会习惯性地把一只脚伸向前方，（如果乘坐的车子速度较快，那么惯性的速度就会很快，人还可以借助惯性向前跑好几步以作缓冲）而脚向前伸，就可以很好

29

地避免摔倒。因为我们从小到大都向前走路，已经习惯了这个动作（在前面我们已经知道了，从力学的角度来分析，人的行走其实就是"一连串人的身体前倾和及时迈步避免摔倒"这样的动作组成）。而人如果向车子相反的方向跳，身体的运行速度虽然慢了点儿，但还是有跌倒的危险的，而这时，因为人是向后倒，我们的脚就不能做出迈步的动作来缓冲自己的身体以防止摔倒，那这样摔倒的危险性反而更大。而且更重要的是，人即使是向前摔倒了，还可以用手来支撑一下，但如果是向后跳车摔下来的话，后背着地，受伤肯定更重。

现在我们就明白了，选择从哪个方向跳车，不能只考虑惯性这一个因素，需要考虑的是人类的行为习惯和自我保护意识。但对于没有生命的物体来说，它们不会走路也没有意识，惯性就成了决定因素。比如，我们从车厢中扔一个玻璃瓶，向前扔比向后扔落地速度更快，显然就更容易摔碎。所以，如果迫不得已要跳车，有行李的话，行李要向后扔出去，人自己要向前跳下来。

向前跳对没有什么跳车经验的普通人而言，是最好的选择，而普通人碰到跳车的情况很少，像过去的火车乘务员和公交车检票员这样的人，因为工作原因跳车的经验就比较足，他们跳车的方法又有所不同，他们一般是采用这样的方法来跳车：面对着车子前进的方向，也就是面对着车头向后跳。这样的跳车动作有两个好处：

●跳车方向与行进方向相反，那么身体的速度就会相对较小。

●跳车时，人可能摔倒的方向就是车子行进的方向，这样人面朝车头，就意味着摔倒时可能是趴着的，那就避免了仰面摔倒这样更危险的动作。

所以，这样的动作是最安全的。

用手抓住一颗子弹

报纸上曾经刊载过这样一则报道，说是在战争时期，一名法国飞行员竟然用手抓住了一颗子弹！具体情形是这样描述的：当时，这名飞行员正在2000米的高空中飞行，忽然发现自己的脸旁边飞着一个很小的东西，他以为是一个小飞虫，于是就伸手轻松地把它抓在了手里，低头一看，天哪，真是太不可思议了，那不是小飞虫，而是一颗德军的子弹！

如此匪夷所思的新闻是真的吗？这就好像传说中有人曾经赤手空拳抓住炮弹一样，让人无法相信。

事实上，用物理学原理来解释的话，这名飞行员用手抓住一颗子弹，只要满足一定的条件，是完全有可能的。

我们都知道，子弹的速度非常快，刚射出时，每秒几乎能够达到800米~900米，单凭肉眼几乎都看不到它的轨迹。但是因为空气是有阻力的，子弹在空气中飞行时，会因为空气阻力而逐渐降低飞行速度，子弹在飞到最后时，飞行速度会减慢到每秒40米左右。这时，就有可能出现这样的巧合，这名法国飞行员的飞行速度可能也只是每秒钟40米左右，与子弹的速度差不多，在这种情况下，子弹相对于飞行员来说，就可能是完全静止不动或者在缓慢移动，难怪飞行员把子弹看成小飞虫，伸手就能抓住也在情理之中了。而且飞行员一般都戴着厚厚的手套，根本感觉不到子弹在飞行过程中产生的高温，所以徒手抓住运行中的子弹的新闻具有很高的新闻价值性。

西瓜炮弹

上节说用手都能抓住一颗子弹，那这颗子弹就已毫无危险可言了。但我们不能忽视另外一种极端的情形，就是在一定的条件下，扔出去一个看似毫无威胁的物体，比如，一个西瓜、一个苹果或者一颗鸡蛋，却有可能造成毁灭性的后果。

1924年就曾经发生过一起西瓜伤人的事件，那是在国外举办的一个汽车拉力赛上，附近的农民为了表示对参赛汽车的欢迎，就用自家栽种的苹果、西瓜和香瓜等水果，向快速行进的汽车投掷，试图扔到参赛司机的手里。农民们的心意很美好，却没想到后果很严重：这些水果有的砸在了车上，把车子砸瘪了，甚至砸坏了，导致了翻车；有的砸在了司机或者乘客的身上，把他们砸成了重伤，非常可怕。那是什么原因让表示"友好"的水果变成了和炮弹一样危险的"武器"了呢？答案很简单，是物理学中的动能，参赛汽车自身的速度加上水果的速度产生了破坏力极大的动能。这个动能到底有多大？根据公式简单的计算可以发现，一个4千克重的西瓜，扔向一辆以时速120千米飞驰的汽车，所具备的动能和一颗仅有10克重子弹所具备的动能是差不多的，这样的话，西瓜变成炮弹伤人也就不难理解了。当然了，因为西瓜的硬度远远比不上子弹，所以在上面的情形中，西瓜不会有子弹那样的穿透力，不然真是名副其实的"炮弹"了（图20）。

图20　投向飞驶汽车的西瓜会成为危险的"炮弹"。

随着人类科技的发展，飞机已经能够进入大气层的上层进行高速飞行，飞行速度已经可以达到每小时3000千米左右，与一颗刚射出的子弹一样。飞机运行速度如此之快，这时候就得小心像上面所说的"西瓜炮弹"一样的危险品了，因为不管是什么东西，哪怕是一只小鸟，碰到这样一架如此高速飞行的飞机上，都会变成威力无穷的"炮弹"。如果遇到这样一种情况：一架飞机正在高速飞行中，从另外一架飞机上掉落几颗子弹，而且不是落在这个飞机的正面，其危险性也和拿着机关枪对着这个飞机扫射一样。因为这架飞机的速度极快（和一颗高速飞行的子弹几乎相同），与掉落的子弹相撞，其破坏力和拿着机关枪对着飞机扫射自然差不多。

假设子弹不是掉落在飞机上，而是跟在了飞机的后面或者与飞机相同的速度飞行，就会出现像前面所说的情况，飞行员都能伸手抓住，这样的子弹就没有任何危险性。以此类推，如果两个物体以差不多的速度朝着同一个方向前进，那么两者就几乎相对静止，即使发生碰撞，也不会产生严重后果。在1935年，曾经就有一个聪明的火车司机，利用这个原理，驾驶火车成功截住了另外一列火车，从而避免了一场严重的事故。

当时的情形是这样的：

这名聪明的火车司机正驾驶着一列火车正常行驶中，而此刻他并不知道在他的火车前方，还行驶着另外一列火车（我们就称这列火车的司机为马虎司机吧）。由于蒸汽动力不足，马虎司机就把火车停了下来，并且把后面的30节车厢给摘了下来，暂时留在了铁轨上，只把火车头和前面的几节给开走了。但因为留在铁轨上的车厢没有放垫木，铁轨很滑，车厢的位置又恰好是个斜坡，于是这30节车厢就沿着斜坡自己滑了下来，速度差不多已经达到了每小时20千米，眼看着就和聪明司机的火车撞上了。情况非常紧急，这名聪明司机急中生智，马上把自己的火车停了下来，开始倒车，而且将倒车的速度逐渐调整到和滑行的车厢差不多的速度，这时他的火车和那30节滑行的车厢相对速度就非常缓慢了，于是聪明司机牢牢接住了这30节失控的车厢，没有造成一名乘客受伤，物品也几乎没有损失。

同样的相对静止的原理，还有很多的应用。比如，有这样一种装置，它的设计理念是方便人能够在行进的火车上写字。大家都知道，火车在行进时，因为车轮和铁轨间会产生震动，人在上面写字的话，笔和纸也会一同震动，即使勉强写出字来，写出来的字肯定也不会好看。而借助于这样一个设备，利用同样的速度则相对静止的原理，让笔和纸能够同时接受火车的震动，那么笔和纸就是相对静止的，这样再写字，就好像在静止的桌子上写字一样，不会有任何困难了。

如图21中的设备示意图显示，这个装置是这样工作的：用手拿着一支笔，然后把手绑在一块小木板上，这个小木板是能够

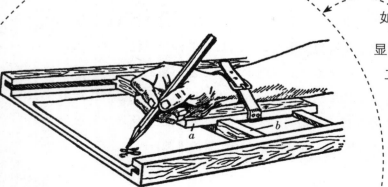

图21　帮助人们在行进的火车上写字的装备。

滑动的，它能够借助于一个槽滑动，而这个槽是固定在木框上的。需要写字的时候，就把这个木框放在车厢的小桌子上。因为手还是灵活自如可以一个字一个字地写。这时候，木框上的纸所受到的震动，通过槽传给绑着手的木板，进而传给了握笔的手，也就是传给了笔，那这时候笔尖和纸的震动几乎就是同时的了，那么两者就相对静止了，写字就变得简单方便了。当然了，还是会有个小麻烦，那就是眼睛看纸的时候，还是在震动，因为人头的震动和手不是同时的，自然无法相对静止，因此在行动的车子上写字还是会很别扭。

站在台秤上

很多人都知道，如果用台秤称体重，你必须双脚踩在台秤的平台上，并保持身体直立，否则，得到的结果可能就会不准确。比如说，你弯了一下腰，可是，就在你弯腰的一瞬间，台秤上显示的读数会比你的实际体重低。不知道你观察过这一现象没有？这是因为上身的肌肉在向下弯曲的同时，下身向上移动，这就使得落在台秤平台的压力减小。反过来，如果突然把弯曲的上身伸直，肌肉又会作用于下身，从而对台秤平台产生压力，使得台秤显示的读数比实际体重大。如果台秤特别灵敏，哪怕你只是举了一下手，台秤平台所受的压力也会跟着增加，这是因为，在你举手的时候，附着于肩头的肌肉会把你的肩头向下压，当你把举起的手停在空中的时候，肌肉就会反作用于肩头，把肩头提升，从而减轻对台秤平台的压力，台秤的读数自然就比你的实际体重少一些。

反过来，如果把手迅速放下来，台秤读数会偏小，但等你的手完全放下后，读数又会增大一些。

物体在什么地方会更重一些

我们知道，地球上的每一个物体，都受到地心引力的作用。如果把物体抬高，地心引力就会减小。比如，把一个1千克重的砝码拿到离地面6400千米的高度，也就是说，砝码离地球中心的距离是地球半径的两倍，那么这个砝码和地球之间的引力只有在地面时的$\frac{1}{4}$。从另一个角度来讲，如果在6400千米的高空称这个1千克的砝码，它的重量只有0.25千克。根据万有引力定律，计算地球和物体之间的万有引力，常把地球的质量集中在地心位置，万有引力与距离的平方成反比。刚才的这个例子，砝码离地心的距离是地球半径的两倍时，万有引力就是原来的$\left(\frac{1}{2}\right)^2$，也就是$\frac{1}{4}$。如果把砝码拿到离地面12800千米的高空，也就是说，砝码离地心的距离是地球半径的3倍，此时万有引力就只有原来的$\left(\frac{1}{3}\right)^2$，也就是$\frac{1}{9}$，在这个高度称这个砝码，重量只有111克。

那么，是不是说，物体离地心越近，它受到的引力就会越大呢？还是以砝码为例，如果真是这样，那么砝码在地下越深，它的重量就越重。但是很遗憾，这个推论是错误的。相反，物体在地下越深，它的重量不是变大，而是变小。该怎么解释这一现象呢？

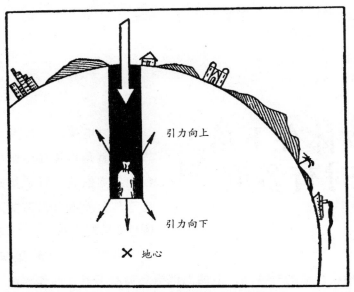

引力向上

引力向下

✕ 地心

图22 在地面以下，砝码的受力分析图示。

是这样的：如图22所示，在地面以下，对物体产生引力的物质微粒把物体包裹在其中，而不是在物体的某一方向。从图中我们看到，在地面以下的砝码，受到两个力的作用，一个是砝码下部的地球微粒对它的吸引，一个是砝码上部的地球微粒的吸引。

需要注意的是，对于地面以下的物体而言，真正作用在它身上的引力，只有物体下面的球体，这个球体的半径就是这个物体和地心之间的距离。所以，物体离地心越近，它的重量会迅速减小。如果物体在地心，四周的地球微粒对物体产生的引力完全相等，物体的重量就会完全失去，变成一个没有任何重量的物体。

因此，可以说，物体在地面上的重量是最大的，在高空或深入地下，它的重量就会小得多（这里，我们假定地球的密度是相等的。其实，实际情况并非如此，越靠近地心的地方，密度越大，所以物体在深入地下的时候，一开始的重量是增加的，到了一定值后才会变小）。

物体在下落时有多重

坐过电梯的人都有过这样的体验，就是电梯在下落的时候，我们会突然有一种恐惧感，好像自己马上就要坠入万丈深渊，身体也变得轻了许多。

实际上，这就是失重的感觉。电梯在开动的一瞬间，电梯的地板会突然下落，而作为乘坐电梯的你，根本没有办法马上产生与电梯同样的速度，这就使得你的重量压不到电梯地板上，所以体重就会变小很多。但是，下一个瞬间，由于你是自由落体运动，电梯是匀速下落的，所以你的体重很快就会压到地板上，对地板的压力变得正常，你的体重也"失而复得"，刚才的恐惧感也跟着消失了。

我们再来做一个实验，找一只弹簧秤，在其下端悬挂一个砝码，然后拿着弹簧秤和砝码迅速向下移动，这时，请注意看弹簧秤上的读数（为便于观察，可以在弹簧秤的缝隙里塞一小块软木，通过软木的移动来观察数值），你会发现，弹簧秤上指示的数值比砝码的实际重量小得多。如果松开手，让弹簧秤和砝码自由落下，你会惊奇地发现，在它们自由下落的过程中，弹簧秤上的读数变成了0，砝码的重量彻底消失了。

通过前面的分析，我们很容易理解，哪怕是特别重的物体，在自由下落的时候，它的重量也会变得非常小。说了这么多，"重量"到底是什么呢？物体的重量就是它对悬挂点的拉力，或者对支撑点的压力。物体在自由下落的时候，对弹簧秤没有任何拉力，因为弹簧秤跟物体一起下落，物体下面没有东西，也没有压力。所以，自由下落的物体没有重量。问它的重量是毫无意义的。

早在17世纪时，力学理论的奠基者伽利略曾经说过："我们能感受到肩上物体的重量，那是因为我们让它压到了肩上而不让它落下。如果让这个物体跟我们一起下落，我们就不会感到它的压力了。这就好比我们拿着一只长矛，想要追杀一个人，可是那个人的速度跟我们一样，道理是相同的（前提是长矛始终握在手里，没有抛出去）。"

下面，我们通过一个实验，来验证这一理论的正确性。

如 图23 所示，我们把一把铁钳放在天平的一端，钳子的一只腿放在盘子上，一只腿用线挂到天平上面的钩子上。在天平的另一端放上砝码，使天平保持平衡。然后，我们把线烧断，让钳子的这只腿落下来。

图23　著名的罗森堡实验。

那么，在这只钳腿下落的瞬间，天平的两端会发生什么变化呢？它在下落的一瞬间，放置铁钳的一端会突然下沉、上升，还是保持原样？

通过前文的分析，我想你应该能做出正确的解答。答案就是：放置铁钳的这一端会向上升起。

因为，用线挂着的那一只腿，虽然和另一只腿连着，但在下落的一瞬间，和它静止不动的时候相比，对托盘上的那只腿产生的压力小得多。所以，在这一瞬间，铁钳的重量变小了，托盘也就自然翘起来了，这就是著名的罗森堡实验。

从地球到月球

儒勒·凡尔纳（1828～1905），法国作家，著名科幻小说、冒险小说作家，被誉为"现代科学幻想小说之父"。在本系列丛书中，作者对凡尔纳的作品多有引用。

在科幻小说《从地球到月球》中，要把一个活人用炮弹送到月球上。在当时，作者的这一想法太大胆了。不仅如此，作者 儒勒·凡尔纳 还对这一想法进行了生动逼真的描述，好像是真的一样。很多读者读了这篇小说后，甚至会想，这个想法真的只是一个幻想吗？这真是一个有趣的问题。

从理论上来说，我们射出一颗炮弹，能否让炮弹一直向前飞，而不是在飞行一段时间后落回到地球上？答案是确定的。炮弹要是水平射出，就会落到地球上，这是因为炮弹被地球"吸引"了，正是有了引力的存在，使得炮弹不能一直直线飞行，飞行路线向下弯曲了。炮弹飞行的路线比地球表面弯曲的程度大得多，所以炮弹终究要落到地球上。那么，如果炮弹的飞行路线和地球表面的弯曲程度一样，这颗炮弹就会一直向前飞去，也就是沿着地球的同心圆飞行。从某种程度上说，跟月球一样，变成了地球的一颗卫星。

说到这儿，又遇到另一个问题：怎么才能使炮弹的飞行曲线跟地球表面的弯曲程度一样呢？答案其实很简单，只要炮弹飞行的速度足够大就可以了。如图24所示，我们把炮弹放在山峰上的点A。如果不考虑地球引力，将炮弹水平向方向射出，飞行1秒钟后，应该到达点B。正是由于有了地球引力，在引力的作用下，炮弹飞行1秒钟后，到达的不是点B，而是点C，点C在点B下方5米。前面我们曾分析过，自由下落的物体，在第1秒里下落的距离正好是5米。我们不妨假设，点A到地球的距离和点C到地球的距离相等，也就是说，炮弹在这1秒的时间里，沿着地球的同心圆飞行。从图中可以看出，只要我们求出线段AB的长度，就可以得出炮弹在1秒钟的时间里飞行的距离。这样我们就得到了炮弹应该用多大的飞行速度飞行，才能保证不落到地球上来。

通过三角形AOB，利用勾股定理，OA是地球半径，约为6370000米，$OA = OC$，$BC = 5$米，因此，$OB = 6370005$米。$\overline{AB}^2 = \overline{OB}^2 - \overline{OA}^2$ 我们可以很容易计算出，线段AB的长度是8千米。

如果我们不考虑空气的阻力，只要炮弹的飞行速度达到8千米／秒，它在飞行的时候就永远不会落下来，而是围绕着地球旋转飞行。

设想一下，如果炮弹的飞行速度超过8千米／秒，会发生什么？有人计算过，如果速度超过8千米／秒，达到9千米／秒，甚至10千米／秒，炮弹的飞行轨迹就是一个椭圆，炮弹射出的初速度越大，椭圆的长轴越长。如图25所示，如果飞行速度达到11千米／秒以上，炮弹的飞行轨迹将不再是封闭的曲线，而是"抛物线"或者"双曲线"，也就是说，炮弹再也飞不回来了。

通过前面的分析，我们看到：理论上，只要炮弹的速度

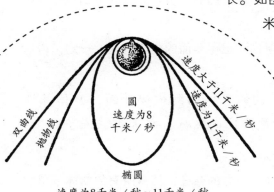

图25　如果飞行速度达到11千米／秒，
炮弹的飞行轨迹将不再封闭。

图24　让炮弹脱离地心引力的速度计算图。

41

够大，乘坐炮弹去月球旅行，并非难事。

这里，我们假设空气阻力不存在。因为如果有空气阻力，很难达到这么高的速度。

凡尔纳笔下的月球之旅

前面一节里，我们提到了儒勒·凡尔纳写的幻想小说。读过的人都被里面的有趣情节深深吸引了，小说里描写的一切简直就跟童话一样：炮弹飞行到地球和月球的引力相等的时候，所有东西都没有了重量，人从炮弹里跳出来，就那样悬在空中。

我们现在承认这段描述是正确的，但是有一点需要注意，其实在炮弹飞行的过程中，炮弹里的人和所有物体一直就没有重量，这一点，很容易证明。

乍一听，似乎令人难以置信，但是仔细想一下，你就会感到奇怪：自己为什么会出现这样的疏忽呢？

我们仍以这篇小说为例，如果你还记得里面的内容的话，一定记得这样一个情节：

炮弹里的乘客把一只狗的尸体扔到炮弹外面，尸体并没有落向地面，而是继续和炮弹同向飞行，乘客都惊呆了！

作者描述的这一场景是正确的。

我们知道，在真空环境里，地球引力的存在，使得所有的物体下落的速度（或加速度）都相同。确切地说，在重力的作用下，炮弹发射时，它和里面乘客的速度始终是相同的，因此，炮弹和狗的尸体在飞行轨迹上的每一点，都始终具有相同的速度。也就是说，从炮弹里扔出去的尸体，会随着炮弹的方向，以同样的速度向前飞行。

不得不承认，作者忽略了一个细节：狗的尸体在炮弹扔到外面后，没有落到地面上，为什么在炮弹里面，却下落了呢？

不管在炮弹里面还是外面，它受到的作用力始终是相等的。所以，尸体在炮弹里，应该是悬浮在空中，而不是下落的。因为它的速度和炮弹相同，如果以炮弹为参照系，它始终是静止的。

对于炮弹里的人和其他物体，这一原理同样适用：在飞行轨迹上的每一点，所有物体的速度相同，即使没有东西支撑，任何物体都不会浮起，更不会落下。如果把一把椅子倒放在炮弹的顶部，它一样不会下落，因为它和炮弹的速度相同。同样的道理，炮弹里的人甚至可以头朝下，且不会下落，没有力量可以使它下落。可以反过来想一下，如果人从上面落下来，说明炮弹的速度比人快（不然椅子不会下落）。但这是不可能的，炮弹和它里面的所有东西，都具有相同的加速度。

作者没有想到这一点，在他的想象中，炮弹里的物体虽然同炮弹一同飞行，但仍然需要一个支撑，就像炮弹没飞行时一样。作者没有考虑到的是，物体之所以对支撑点有压力，是因为支撑点保持静止，或者说，即使支撑物在移动，但二者移动的速度不同。如果二者的速度相同，压力也就不存在了。

所以说，炮弹里的人从炮弹飞行的瞬间开始，重量就消失了，在炮弹里可以自由停靠。同样的道理，炮弹里的其他东西也没有重量。通过这个特点，炮弹里的人就可以判断，自己是跟随炮弹一起飞行还是待在一动不动的炮弹里了。在作者的笔下，炮弹飞行半小时后，人们仍然在讨论这个问题，都没有弄清楚自己是否已经在飞行。里面有一段有趣的描写：

"尼柯尔，我们在飞行吗？"

尼柯尔和阿尔唐面面相觑，都没有感受到炮弹的变化。

"真的！我们是不是在飞行？"阿尔唐重复地问道。

"我们不会还停在佛罗里达的地面上，或墨西哥湾的海底下吧？"

如果是乘坐在轮船上的乘客，发出这样的疑问是可以理解的，但是对于炮弹里的乘客来说，这样的疑问就变得没有意义了。因为对于轮船上的乘客来说，重量并没有消失，但是对于炮弹里的乘客而言，不可能感受不到自己的重量已经消失了。

不可否认，在这部幻想小说里，作者忽略了很多细节。其实，正是这些忽略的细节，本来可以是很好的写作素材。通过飞行的炮弹，我们应该可以看到这些奇怪的现象。在这个不同的世界里，所有东西的重量都会消失，所有的东西一旦放手，就会停在刚才放手的地方：无论放在什么地方，都很容易找到平衡；瓶子被打翻后，里面的水也不会流出来……

用不准的天平测量出准确的重量

你想过这个问题吗？准确称量受什么因素影响最大，天平还是砝码？

如果你认为同样重要，那就错了！只要砝码是对的，我们可以用一架不准的天平测量出正确的重量。

有很多种方法可以实现这种情况，这里我们只列举两种方法：

方法1：我们找一个比要称的物体重一些的物体，然后把它放到天平的一只托盘上，在另一只托盘上放上砝码，使天平两端保持平衡。然后，把要称的物体放在刚才放砝码的托盘上，显然，放置砝码的一端要重些。逐渐减少砝码，使天平恢复平衡。这时，很容易理解，刚才拿下的那些砝码的重量，就是要称重的物体的重量，因为，拿下的那些砝码用要称重的物体代替了，它们的重量相同。这种方法叫"门捷列夫称量法"，是由俄罗斯的门捷列夫提出来的。这个方法也叫"恒载量法"，在需要连续称重几个物体的时候，这个方法特别好用，可以不动原来的重物，很方便地称出要称重物体的重量。

　　方法2：我们把要称重的物体放到天平一端，在另一端慢慢放上沙子，直到天平达到平衡，这时，沙子不动，把另一端要称重的物体拿下来，往上放砝码，直到天平重新恢复平衡，那么砝码的重量就是要称重的物体的重量。这种方法叫替换法。

　　刚才我们是用不准的天平称重，不准的弹簧秤一样可以准确地测出物体的重量。同样的方法，前提是你要有一些准确的砝码。把要称重的物体放到弹簧秤上，记下这时的刻度，然后放下物体，往弹簧秤的秤盘上逐渐加砝码，一直加到弹簧秤达到同样的刻度，那么这时砝码的重量就是要称重的物体的重量。

我们的力量到底有多大

只用一只手,你可以提起多重的重量?10千克?那是不是说,10千克就代表了你手臂肌肉的力量?事实并非如此。肌肉的力量要大得多。如 **图26** 所示,手臂上的二头肌起着关键作用。二头肌位于前臂骨的支点处,当我们提东西的时候,是另一端在起作用,前臂骨的支点(关节)到这一端的距离是到二头肌的距离的8倍。根据杠杆原理,如果提起10千克的物体,二头肌能拉起的重量将是80千克。所以,肌肉的拉力是手臂拉力的8倍。

图26 臂骨(C)相当于第二类杠杆。二头肌起着关键作用,它作用于关节(O),重物R的作用点在手指(B)。BO的长度约为IO的8倍。

前面的例子说明一个事实:我们的力量要大得多,比我们认为的大很多倍,只不过我们从来没有思考过这个问题而已。

现在,你可能会想:手臂的这种结构根本不合乎常理啊!那么多力量就这样无缘无故消失了?其实,如果你还记得力学上的"黄金法则",就不会感到奇怪了:消耗掉的力量会以距离的形式表现出来。

在这个例子里，我们得到了速度。消耗的力量换来了我们双手的快速移动。就拿动物来说，它们身体内部的特殊构造保证了四肢的快速移动，得到了生存的技能，这远比空有一身力气有用多了。我们人类也是一样。

为什么磨尖的物体更容易刺入

我们都知道，用缝衣针可以很容易穿透物体，比如，绒布或纸板。假设现在让你使用一样大的力气，用一只钝头的钉子穿同样的物体，你能将钉子头穿过去吗？显然不那么容易，这是为什么呢？

的确，你用的力气一样大，但是实际上它所产生的压强（压力强度）却不同。在你用针穿的时候，所有的力气都集中于针尖这个点上，针尖的面积比钉子头小多了，所以产生的压强自然就大得多。

再举一个例子：有两把耙，一把是20齿的，另一把是60齿的，20齿的耙要比60齿的耙地耙得深。道理和前面一样，20齿的耙每个齿上分配的力量更大。

说到压力强度，我们就要注意另一个因素，也就是力量所作用的面积。同样的力量，作用在不同的面积上，产生的压力强度大小是不一样的。

当我们在松软的雪地上行走的时候，要用滑雪橇才不会陷到雪中。这是因为滑雪橇把对它的压力分散到面积更大的地方。假设我们所穿的鞋子的面积是滑雪橇的1／20，那么作用在滑雪橇上的压强就是两只脚单独站立时的1／20，压强小了很多。所以，当我们站在滑雪橇上时，才不会那么容易陷下去。

同样的道理，马在沼泽地里行走时，要预先在马蹄上拴上一种特制的"马靴"，扩大马蹄跟地面的接触面积，从而减小压强。这样，马蹄就不会陷入沼泽地里了。人在里面行走的时候，也经常采取同样的方法。

要想顺利通过一片薄冰，我们经常需要匍匐在上面爬行，也是为了增加身体跟冰面的接触面积。

大型坦克和履带式拖拉机之所以能在松软的土地上前进，也是采取扩大接触面积的办法。我们换算过，一辆超过8吨的履带车，对每平方厘米地面的压力小于0.6千克。有的履带车甚至可以在沼泽地里行驶。假设这辆车装载了2吨的货物，它对每平方厘米地面的压强也只有0.16千克，仍然可以正常行驶。这是不是很有意思？

这就是人类的聪明之处了，有时候需要接触面积足够大，有时候又希望它小一些，使这一特点为我们所用。

前面说了这么多，我们知道了：尖锐的东西之所以更容易刺进物体，是因为力量集中到很小的面积上。同样的道理，锋利的刀子比钝刀子更容易把东西切开，也是因为力量作用的面积非常小的原因。

所以，我们说，正是由于将作用力集中于很小的面积上，才能把尖的东西刺进物体。

就像深海怪兽一样

当我们坐在粗糙的椅子上时，会觉得很不舒服，但是如果换成光滑的椅子，坐上去就舒服多了。这是为什么呢？当我们睡在吊床或钢丝床上会感到很舒服，哪怕它是由非常硬的棕丝或钢丝编成的。这又是为什么呢？

其实，道理很简单。粗糙的椅子表面凹凸不平，当坐到上面的时候，它与身体的接触面只有很少一部分，身体的重量集中压在很小的面积上；而光滑的椅子的表面是平的，与身体的接触面大得多，身体的重量没有变，但是分散到比较大的面积上了，所以压强就小多了。

问题是，怎样才能使压力平均分配呢？

当我们躺在松软的床垫上，床垫凹下去的形状和身体的轮廓非常相像。身体的重量平均分配到床垫上，每平方厘米的表面积上也就分配了几克的重量，所以我们躺下去会感到非常舒服。

有人计算过，成年人的体表面积约等于2平方米，也就是20000平方厘米。

躺到床上的时候，假设我们的体重是60千克，身体和床的接触面积是体表面积的1／4（即0.5平方米）。那么，通过计算得出，每平方厘米面积上的重量只有12克，是不是很小？但是，要是躺在硬板上，身体和硬板的接触面积只有很少一部分，这部分面积顶多也就是100平方厘米，每平方厘米上的重量就是600克，比12克大了50倍，差别是不是很大？所以，身体会感到很不舒服。

只要我们的体重平均分配到比较大的面积上，我们就不会感到不舒服，哪怕这个地方非常硬。举个例子，假设有一片松软的泥土，你先躺到上面，印出身体的形状，待这片泥土干得跟石头一样硬后，你再躺下去，保持前一次躺下的姿势，尽量跟之前印出的形状吻合，你同样会感到很舒适，就像躺在鸭绒床垫上一样（这里我们假定泥土干燥后没有收缩），根本感觉不到硬。

罗蒙诺索夫曾经写过一首诗，里面有一个关于深海怪兽的传说，就写到了这一景象：

　　　　石块是那么的坚硬，

　　　　可它丝毫感觉不到坚硬，

对于身形庞大的它来说，
就像是松软的泥土。

　　深海怪兽之所以感觉不到石头的坚硬，就是由于它巨大的体重被很大
的接触面积平均分配了。

Chapter 3
介质的阻力

子弹与空气

我们都知道，子弹在飞行的时候，会受到空气的阻力，但是你大概没有想过，这个阻力到底有多大。很多人可能都会这样想，空气那么轻薄，平常我们都察觉不到，对子弹的阻力没有多大。

其实，空气对子弹的阻力影响极大。如 图27 所示，图中的大弧线代表子弹在没有空气阻力时的飞行轨迹，子弹刚一射出的时候，速度大约是620米／秒，发射仰角是45度，这种情况下，子弹飞行的高度是10千米，飞行的直线距离是40千米。但是，要是有空气阻力，它的飞行轨迹只有4千米。图中的小弧线跟大弧线相比，几乎看不到。从图中可以看出，空气阻力对子弹的影响非常大。如果没有空气，子弹就可以飞行40千米（高度可以达到10千米），打到更远距离的敌人了。

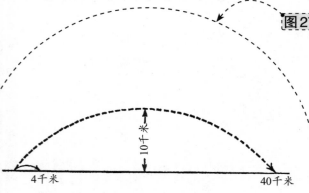

图27 大弧线是子弹在没有空气阻力时的飞行轨迹。小弧线是子弹在空气里的飞行轨迹。

超远距离的
射击

1918年，也就是第一次世界大战将要结束的时候，德国炮兵的射击距离达到了100多千米。当时，英法联军对德军的空袭还没有结束，德军利用一种特殊的炮击方式，把炮弹射到了距离前线110千米的法国首都巴黎。

在这之前，根本没有人能将炮弹射到这么远，这种炮击方式，是德军偶然发现的。一开始，他们只想把炮弹打到20千米外，但没想到却打出了40千米的距离。后来，他们才发现，只要炮弹的初速度够大，并且大角度向上射出去，让它飞到高空，那儿空气稀薄，炮弹在这种空气层里飞行时，空气阻力小很多，会飞很长的距离才落到地面上。如 图28 所示，炮弹的发射角度不同，它的飞行路线就会差别很大。

炮筒的射角如果像图上的角1的方向，那其着陆点为P，如果是角2的方向，那其着陆点是P'，如果是角3的方向，它的射程就要大很多倍，因为炮弹已经进入到空气稀薄的平流层了。

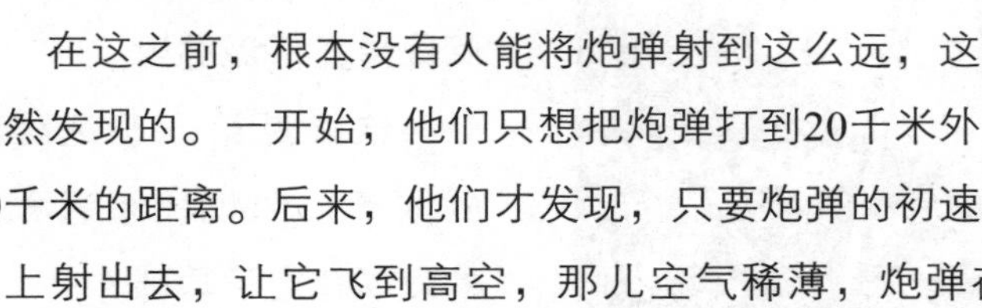

图28 在不同发射角度，炮弹所呈现的飞行路线变化示意图。

　　德军发现的这一"奥秘"为发明远射程炮弹奠定了基础，使他们可以轻而易举轰击115千米之外的巴黎。据记载，1918年夏天，在第一次世界大战期间，德军向巴黎发射了300多颗这种炮弹。

　　下面，我们看一下这种炮弹的基本数据：大炮的全长34米，直径1米，炮筒最厚的地方有40厘米，大炮的重量有750吨；而炮弹重120千克，长1米，直径21厘米。炮弹装填150千克的火药，产生的压力是5000个大气压，发射的初速度是2000米／秒，发射角度是52度，炮弹的飞行轨迹是一个非常大的弧线，最高点在40千米处，到达了大气的平流层。炮弹发射到巴黎的飞行时间是3分半钟，飞行期间有2分钟的时间都是在平流层里。

　　这就是第一座远程炮的故事，为现代超远程炮的发展奠定了基础。

　　子弹（或炮弹）的初速度越大，受到的空气阻力也越大。但是，阻力的大小与初速度并不是简单的成比例关系，阻力变化得更快一些。我们可以简单地把它看成与初速度的高次方成比例关系，它们之间的比例关系跟初速度的大小有关。

图29　超远程炮弹。

小时候，我们都放过纸风筝，但是你想过这个问题吗，它为什么会飞起来呢？

纸风筝飞起来的原理和飞机在天上飞、槭树的种子飘到很远的地方、原始人用的飞旋标随风转动是一样的。这类现象都具有相同的性质。

说到底，这些现象都是充分利用了空气阻力的性质。空气能给子弹和炮弹带来空气阻力，同样也能给纸风筝、飞机和槭树的种子等物体带来空气阻力，它们才能在空中慢慢飘浮或飞行。

下面，我们就来阐述一下它的原理。如**图30**所示，线段*MN*代表纸风筝的截面，当我们牵着风筝跑的时候，风筝便向前移动，纸风筝也是有重量的，所以一开始，它是倾斜着飞的。我们假设它从右向左倾斜，代表风

纸风筝为什么能够飞起来

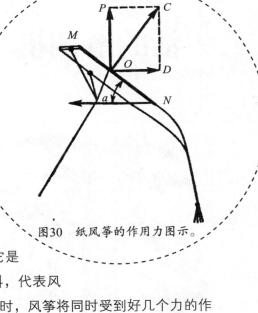

图30　纸风筝的作用力图示。

筝所在的平面和水平线之间的夹角。这时，风筝将同时受到好几个力的作用。空气会给它一个阻力，我们用箭头*OC*表示，空气阻力始终跟风筝的截

面是垂直的，即OC垂直于MN。OC可以分解为两个力：OD和OP。OD会把风筝往后推，使风筝的速度降低；而OP会把风筝向上拉，用来抵消风筝的重量，如果OP足够大，就会使风筝飞向高空。这就是风筝为什么会飞起来的基本原理。

　　跟纸风筝一样，飞机也是这样飞起来的。只不过，拉动飞机的力是由飞机上的螺旋桨或发动机提供的，而不是人力。螺旋桨或发动机使飞机向前运动，加上空气阻力的影响，飞机就会向上飞，而不会掉下来。关于飞机，这一原理只是一种简单解释。

活的滑翔机

通过前面一节的学习，我们知道了，飞机根本不是像人们想象的那样，通过模仿鸟儿的飞行制造的。确切地说，它是模仿鼯鼠或飞鱼制造的。但是，这些动物的飞膜是为了跳得更远，不是飞得更高（飞行上的术语称为"滑翔下降"）。图30中的力OP，并不足以抵消它们的重量，只是减轻而已，所以它们可以从高处作长距离的跳跃（图31）。前面提到的鼯鼠，可以跳出20米～30米的距离。在印度东部、锡兰等地，有一种鼯鼠，体型巨大，跟家猫差

图31　会滑翔的鼯鼠可以从高处跳
　　　出20米～30米的距离。

不多，它的飞膜展开后，直径有半米多，借助这个飞膜，它可以跳出50米的距离。菲律宾群岛上有一种鼯猴，跳得更远，大概有70米。

正是利用滑翔的原理，很多植物把它们的种子散播出去。这些种子的形状很特殊，有的长着一束束毛（如蒲公英、婆罗门参等），就跟降落伞一样，甚至可以停留在空中。利用这一原理散播种子的植物

植物没有发动机，却可以飞翔

还有槭树、针叶树、榆树、白杨树、白桦树、椴树和许多伞形科植物等。

有一部书，叫《植物的生活》，里面有这样一段文字：

即便是晴天，没有风，很多植物的种子也能被垂直气流带到高空。在太阳下山后，这些种子就会落下来。种子可以飞起来，并不只是简单地散播出去，而是为了把种子带到陡峭的坡上或缝隙里，因为它们没有别的办法可以让种子落到这种地方。水平方向的气流，会把种子带到很远很远的地方。

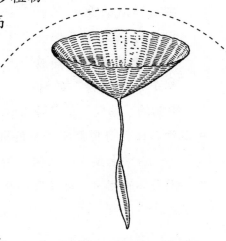

图32　像伞一样的婆罗门参果实。

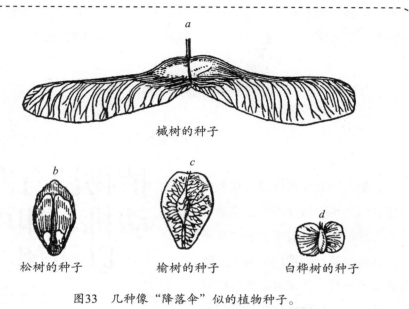

图33　几种像"降落伞"似的植物种子。

　　有的植物，它们的"翅膀"或"降落伞"并非一直附着在种子上。比如，有些蓟类植物，它们的种子一旦碰到什么东西，就会跟"翅膀"分开，让种子落下去，这就是这类植物为什么常常沿墙壁或篱笆生长的原因。当然了，也有一些植物的种子和"翅膀"永不分开。如图32和图33所示，它们都是带"翅膀"的种子。

　　植物的"翅膀"或"降落伞"比我们制造的滑翔机高级多了。它们可以带起比自身重量重得多的种子飞行。除此之外，它们还有另一个优势——自动调整飞行姿势，哪怕你把它倒过来，它仍然可以自动调整，把身体转回来，即使碰到什么东西，它也不会"翻车"，而是慢慢落下去。

延迟开伞跳伞

跳伞运动员在10千米的高空，可以不打开降落伞往下跳，真是太英勇了！他们在下落到几百米的高度才拉开降落伞，慢慢落下。

也许你会以为，不打开降落伞下落，就像在真空里下落一样，不会受到空气阻力的影响。果真如此的话，延迟开伞跳伞花费的时间，应该比打开伞需要的时间少，因为速度更大。

实际情况是，空气阻力确实影响到了下落的速度。如果运动员一开始不打开降落伞下降，在最初的十几秒，他的速度确实在增加，但是有一点必须说明，随着速度的增加，空气的阻力也会变大，而且增长得很快，在很短的时间里，速度就上不去了。所以，运动员最后做的是匀速运动。

通过力学知识，我们可以分析一下延迟开伞跳伞的景象。一开始，没有打开降落伞的时候，在最初的12秒里，运动员是有加速度的。有的运动员轻一些，可能都达不到12秒。在这段时间里，运动员下落的高度是400米～450米，达到的速度大概是50米／秒。这之后，即便没有打开降落伞，速度也不会增加了，而是维持着这个速度下落。下落的水滴也是这个道理。只是，在一开始下落时，水滴加速下落的时间很短，只有大约1秒钟，甚至还到不了1秒钟。也就是说，水滴下落时达到的最高速度，没有延迟开伞跳伞那么大，它的速度有2米／秒～7米／秒，水滴越大，速度越大。

飞去来器

飞去来器大概是原始人类发明的最高级武器了。曾经，在很长一段时间里，科学家们对这个东西也感到迷惑，不知道它是什么原理。如图34所示，这种东西扔出去后，飞行的路线非常奇怪，简直就是一种奇术。

图34　原始人类使用飞去来器猎捕食物。图中的虚线是飞去来器的行进路线（没有击中目标）。

但是，现代的科学家们已经把这个谜题解开了。这其实根本不是什么奇术。这里，我们没有办法详细阐述这一复杂原理。简要地说，它之所以会飞出这样奇怪的路线，是由下面三个因素影响的：

- 扔出的方式。
- 自身的旋转。
- 空气阻力。

原始人类能够把这种飞去来器以恰当的角度、力量、方向扔出去，正是充分利用了这三个因素。

只要经过训练，我们也可以掌握这种抛掷技巧。

如 图35 所示，我们可以在室内通过一只纸做的飞去来器体验一下。找一张卡片纸，按照图中的形状剪开，边长是5厘米。然后，按照图示的方式，用拇指和食指把它夹住，用另一只手的食指用力弹向它，注意弹的方向。你会看到，飞去来器真的飞出去了，而且在空中划出了一道美丽的曲线。

如果飞行前方没有阻挡，它会重新飞回到你的身边。

如果按照 图36 所示的大小和形状来制作这个飞去来器，实验结果会更好。最好的飞去来器，形状一定是图36下方的螺纹型。好好练习的话，这种飞去来器会飞出

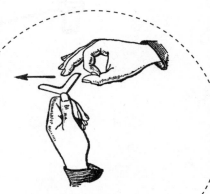

图35　纸制的飞去来器和使用的方法。

图36　另一款纸制的飞去来器。

61

图37　古埃及壁画上的士兵手拿飞去来器。

非常复杂的曲线，然后重新飞回你的身边。

　　需要指出的是，这种飞去来器并不仅仅是澳洲土著的专利。在印度的很多地方，都有广泛的应用。在现存的一些壁画中，我们甚至看到，这种东西配给士兵作为武器（如图37）。在古埃及、努比亚，也有它们的身影。话说回来，最有特点的还是澳洲的飞去来器，它的形状就是刚才提到的螺纹状，它的飞行曲线非常复杂，让人难以捉摸，而且神奇的是，它能重新飞回你的身边。

Chapter 4
转动和永动机

怎样分辨熟鸡蛋和生鸡蛋

给你一个鸡蛋，在不打开的情况下，你知道它是生的还是熟的吗？通过学习力学的知识，我们可以很容易地分辨出来。

其实，方法很简单，熟鸡蛋和生鸡蛋旋转的情形不一样。通过这一点，我们可以很容易将它们分辨出来。

如 图38 所示，把要分辨的鸡蛋放到平盘上，然后把它们旋转起来，如果是熟鸡蛋，那么它旋转的速度就会很快，而且旋转的时间也比较长；相反，如果是生鸡蛋，很难让它旋转起来。如果是煮的时间比较久的熟鸡蛋，旋转起来的速度相当快，你看到的只是一片白影，甚至能将它最尖的那一头立起来。

为什么会这样呢？这是因为，熟透的鸡蛋是实心的，原来呈现液态的蛋黄和蛋白已经凝固了，而生鸡蛋则不然。当旋转的时候，由于惯性，生鸡蛋就没办法保持稳定，里面的蛋黄和蛋白，起到的作用就像"刹车"一样。

还有一点，当由旋转到停止的时候，生鸡蛋和熟鸡蛋也是不一样的。如果是熟鸡蛋，在旋转的过程中，用手捏它，它就会立即停下来，但如

图38　旋转鸡蛋的方法。

果是生鸡蛋，即使在捏的时候停下来，但是只要你一放手，它还是会继续旋转一会儿。说到底，还是惯性的作用。捏生鸡蛋的时候，蛋壳虽然让你捏住了，但是里面的蛋白和蛋黄仍然在旋转，熟鸡蛋就不一样了，它里外已经是一个整体了，所以会马上停下来。

图39　把鸡蛋挂起来分辨生熟。

我们还可以用另一种方法来分辨熟鸡蛋和生鸡蛋。如 图39 所示，找两个橡皮圈，沿生鸡蛋和熟鸡蛋的子午线把它们箍住，然后分别挂在同样的线上。把这两条线扭转相同的圈数，然后同时放手，你就会发现它们的不同：由于惯性的作用，熟鸡蛋在转了一定的圈数之后会反过来继续旋转，并且反复几次。生鸡蛋则不同，因为里面的蛋黄和蛋白是液态的，由于惯性，它顶多转个两三次就会停下来，比熟鸡蛋停下来的时间早多了。

疯狂魔盘

把一把撑开的伞倒立在地上，让伞尖着地，然后转动伞柄，伞就会旋转起来。这时，把一个纸团扔到旋转的伞上，纸团就会被伞甩出来。很多人以为这是离心力在起作用，所以把纸团甩出来了。其实，这并不是离心力的作用，而是惯性使然。因为纸团在被

图40 疯狂魔盘。

甩出来的时候，不是沿着半径的方向运动，而是沿着切线的方向。

如图40所示，很多公园都有这样的装置，我们姑且称它为疯狂魔盘吧。它就是利用惯性的原理制造的。如果你玩过，肯定有切身的感受。魔盘的底部有一部电动机，通过圆盘连接到轴，带动圆盘转动。一开始，圆盘转动的速度比较慢，后面就会越转越快。你可以坐在圆盘上，或者站着，或者趴着。随着圆盘的转动，你就会随着惯性向圆盘的边上滑动。刚开始因为速度不大，所以感受可能不是很明显，但随着速度的增加，你离圆盘的中心越来越远，感受就会越来越明显，特别是滑到圆盘边缘的时候，你会感觉自己就要被甩出去了。事实也是如此，到了最边缘的时候，你根本没法控制，直接就被甩出去了。

实际上，我们每天生活着的地球，也是一个巨型的"疯狂魔盘"，只不过，这个魔盘的尺寸太大了。但是，它并没有把我们甩出去，只是使我们的体重变轻了。赤道是地球旋转最快的地方，所以我们说，生活在赤道附近的人，体重减轻的相对多一些，大概是一个人体重的1／300。如果考虑其他因素的影响，减轻的体重可能达到1／200，也就是5‰。由此我们可以换算出，一个生活在赤道附近的成年人的体重，要比生活在两极上时轻0.3千克左右。

墨水旋风

如图41所以，按照图示的尺寸，找一块白色的硬纸板，剪出一个圆形，再找一根细木棍，把一头削尖，插到圆形纸板的中心，就做成了一个陀螺。用大拇指和食指捏住木棍的上端，把陀螺放到光滑的平面上，用力拧转，陀螺就会旋转起来，这很容易做到。

图41　墨水旋风陀螺。

下面，我们利用刚才制作的陀螺，做一个实验，特别有意思。在旋转之前，先在纸板上滴上几滴墨水，注意不要滴在同一个地方。然后，在墨水还没有干的时候，让陀螺旋转起来。等到陀螺停下的时候，再观察陀螺，你会惊奇地发现，刚才滴上去的墨水都画出了一条条螺旋形的线，就像旋风一样，很漂亮。

这些线的形状之所以呈螺旋状，是有一定道理的。其实，说起来，这些墨水的运行轨迹，跟前面提到的纸团和坐在"疯狂魔盘"上的人是一样的，都是受到了惯性的作用，由中心向边缘移动，越到边缘，移动的速度越快。

实际上，墨水滴旋转形成的轨迹，说明墨水滴在做一种曲线运动。旋转的时候，仿佛纸片是从墨水滴下面穿了过去，跑到了墨水滴的前面。于是，墨水好像在圆形纸片的后面跟着它跑似的，所以墨水的运行轨迹才是弯曲的。

空气如果从气压高的地方流向气压低的地方，就会形成"反气旋"，反之，就会形成"气旋"，它们形成的原理和刚才提到的"疯狂魔盘"是一样的。前面实验中的墨水滴形成的曲线，其实就是一个小旋风。

受骗的植物

旋转的物体会产生离心作用，但是这个数值到底有多大呢？实际上，如果旋转速度够快，它所形成的离心力比自身重量大多了。我们可以通过一个实验来验证一下，真切感受这

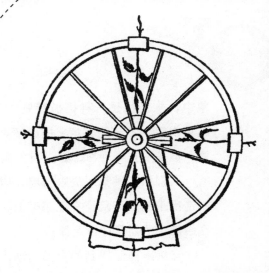

个力到底有多大。我们知道，植物在生长的时候，都是向上生长的，也就是跟重力相反的方向生长。如 图42 所示，我们把种子种到旋转的车轮上，我们假设轮子会一直旋转下去，那么经过一段时间，你会惊奇发现：种子发芽了，但是它的根都是向轮子外生长的，而发出的芽都是沿着轮子的半径向轮子的中心生长的。

图42　种在旋转的车轮上的豆苗的生长情形：豆茎向车轮中心生出，根部向轮子外生长。

　　哈，植物受骗了！通过刚才的实验，我们把影响植物的重力用车轮的快速旋转形成的离心作用替换了。前面说过，植物都是向重力的反方向生长的。所以，我们看到，植物的种子会从车轮的边缘向车轮的中心生长。我们认为制造出来的力克服了种子自身的重力，也就是说，新产生的力比种子本身的重力大多了。当然了，从引力的性质来看，这两种力没有本质区别。

永动机

　　长期以来，永动机，或者说永恒运动，一直被人们热烈讨论。但是，很多人并不清楚这背后到底有什么意义。在人们的想

象中，永动机是一种机械装置，它可以不停地自动运动，而且还可以举起重物等，做一些有意义的事情。很早以前，有人就试图制造这种机械装置，但是一直到现在，都没有人真正制造出来。

人们的尝试都以失败告终，以至于人们开始怀疑，这种机械是不可能制造出来的。而且，在此基础上，科学家们提出了一种定律，就是我们现在经常说的能量守恒定律。

当然，前面提到的永恒运动，不是一种机械装置，而是一种现象，不需要做功却能永远运动下去。

图43 是古时候人们对永动机的一种典型设计。现在，仍然有人试图制作出这种机械装置。在一只圆形轮子的边缘装上一些活动的短杆，每个短杆的另一端上都拴着一个物体。不管轮子转到什么位置，右边短杆上的每个物体要比左边的物体离轮子中心远。所以，右边的物体就会向下运动，从而带动轮子转动。这样，就会使轮子永远转动下去。在制造的时候，人们以为肯定不会有任何问题，轮子肯定会转动起来。但是，真正制造出来后，却发现轮子并没有转动，很多发明家都不知道问题出在哪儿了。

为什么会这样呢？下面我们就来分析一下：虽然，轮子右边的物体总是离轮子的中心比较远，但是右边的物体数量比左边少。如图43所示，右边一共有4个物体，左边是8个物体，整整是左边的两倍。这样的结果，就是轮子只是在最初摇摆了几下，然后就会慢慢保持平

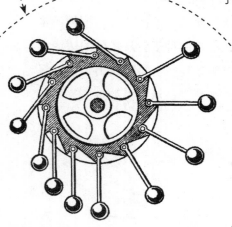

图43 中世纪对永动机的典型设计。

衡，再也不转动了，停到图示的位置（有一个定律，叫力矩定律，可以很好地解释这个问题，有兴趣的同学可以去深入学习一下）。

现在，人们已经知道，根本不可能制造出这样一种机械装置能够永远运动下去。所以，我们说，如果还有人在试图制造它，都是一种徒劳。但是，以前可不是这样，中世纪的时候，人们曾经为了制造出这样一种机械，花费了很多时间和精力。人们对制造"永动机"的痴迷程度胜过了炼制黄金。

普希金在其作品《骑士时代的几个场面》中描写了一位幻想家，叫比尔多德，对永动机情有独钟。里面有这样一段对话：

"什么是永动机？"马丁问。

比尔多德说："亲爱的马丁，永动机就是永恒的运动啊！我承认，炼制黄金确实是一个很好的工作，但是你不觉得永动机太有趣了吗？如果我能做到永恒运动，就可以无所不能了，炼制黄金又算什么呢！啊，永动机啊！"

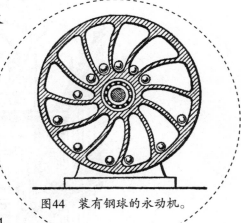

图44　装有钢球的永动机。

关于永动机的装置，人们试验了很多种，但无一例外都没有成功。每一个装置都看似合理，但是总会忽略掉某一个细节，使得永动机总是不能制作成功。图44是人们设计的另一种永动机装置。

这种永动机由一只装着钢球的圆轮构成，里面的钢球可以自由滚动。其实，它的设计思路跟前面的差不多，只是这里把短杆上的物体换成了钢球，一边的钢球离轮子中心近一些，另一边的钢球离轮子中心远一些，钢球转动的时候会带动轮子旋转。

现在，我们知道了，永动机这种装置是不会成功的。但是，当时在美

国，却有一家咖啡店为了招揽生意，按照这种设计制造了一个很大的轮子，如图45所示。表面上看，轮子在一直转动，好像永动机真的实现了一样。其实，它是由一个秘密的电动机带动旋转的。

关于永动机的模型，还有很多。曾经还有一个钟表店，也在橱窗里装了一个永动机，以引起人们的注意。当然了，跟图45一样，它其实也是由电动机带动的。

所以，我们说，能量守恒定律是正确的，也是不容置疑的，在没有外力的作用下，永动机或者永恒运动是不可能实现的。

图45 广告中的假想永动机。

在俄国，有很多发明家也曾经想尽办法解决永动机的问题，他们中的很多人都是自学成才的，不可谓不聪明，但都没有成功。特别是有一个叫谢格洛夫的西伯利亚人，他因此还成了 谢德林 的小说《现代牧歌》中"小市民普列森托夫"的原型。在小说中，谢德林这样描述他：

"小故障"

萨尔蒂科夫·谢德林（1826～1889），俄国杰出的现实主义作家。行伍出身，供职于陆军部队，业余时间创作小说。

　　小市民普列森托夫的年龄在35岁左右，身材很瘦，脸色也不红润，眼睛很大，眼窝很深，长发都垂到脖子了。他简陋的家中几乎空无一物，只有一个大大的飞轮，占满了大半间屋子。在那个大轮子的中心，有很多用薄木板钉成的轮辐。大轮子的中心是空心的，好像一个箱子一样，空间很大。在轮子的中心部分，装着很多机械装置，这可能就是发明家的秘密吧。

　　其实，我们已经猜到，在轮子的中心是一些沙袋，用来保持轮子的平衡。在一条轮辐上有一根木棍，把轮子固定住，防止轮子转动。

　　看到这一切，我不禁问普列森托夫："听说你利用'永恒运动'的定律把'永动机'成功做成了，是真的吗？"

　　"嗯……怎么说呢，我想是的吧。"普列森托夫涨红着

脸答道。

"可以让我们参观一下你的成果吗？"

"当然可以，欢迎欢迎！"

于是，普列林托夫带着我们，走到那个大大的轮子旁边，然后又绕着轮子走了一圈。这时，我们才发现，其实轮子前后都一样。

"真的会转？"

"嗯，应该可以转吧，就是有时候会有点儿小故障……"

"要先把那根长木棍拿下来吧？"

普列森托夫把轮辐上的长木棍拿下来，但是很遗憾，轮子并没有任何动静。

"哎，又出毛病了！"普列森托夫继续说，"需要推一下它才行。"

然后，就看见普列森托夫用双手抱住轮子的外缘，上下摇动着，一次比一次的摇动幅度大，最后，他用力一抛，把轮子放开。

这时，轮子真的转起来了，而且一开始转动得很快，我们甚至听到了轮子中心的沙袋在里面晃动的声音，但转了没有几圈，轮子的速度就慢下来了，轮轴发出了咯吱咯吱的声音，很快，轮子彻底停止了转动。

"还是有一点儿小毛病，嘿嘿！"普列森托夫涨红着脸说道。然后又一次摇起了大轮子。

这一次，轮子还是转了一会儿就停了下来。

"是不是没有考虑摩擦力的作用啊？"

"嗯……摩擦力……不是不是，这不是摩擦作用的问题，可能是……有时候，轮子心情比较高兴，就会转动，有时候，不知道哪里出点儿小毛病，它就发小脾气，就又不行了。我想，可能是轮子的材料有问题，你看这都是些什么材料啊！木板都是七拼八凑得来的。"

其实，我们知道，并非仅仅是出了点儿小毛病那么简单，也并不是因为材料的问题，而是永动机这种机械根本就违背了能量守恒的基本定律。轮子最初虽然转动了，那是因为"发明家"推了它一下，给了它一个初速度，一旦这部分能力用完了，轮子就会停止转动。

如果单纯从表面上理解永恒运动，非常容易陷入误区，产生错误认识。这里，我们再举一个例子——乌菲姆采夫储能器，来对它进行一下说明。20世纪20年代初，发明家乌菲姆采夫发明了

乌菲姆采夫储能器

一种新型的风力发电站，利用惯性来储存能量，我们称它为乌菲姆采夫储能器。这种储能器的结构跟飞轮一样，也是由一个很大的圆盘组成，圆盘装在有滚珠的轴承上，可以绕着竖轴旋转。

在圆盘的外面是一只壳子，里面的空气被抽了出来，只要给它一个足够大的初速度，大概有20000转／分钟的样子，圆盘就可以连续转动15个昼夜，中间不会停下来。

很多不明真相的人都以为乌菲姆采夫储能器实现了永恒运动，实际上还是被它的表象欺骗了，因为人们不可能守在那里不间断地观察15个昼夜，甚至更长的时间。

怪事不怪

关于永动机的话题有很多。许多人沉迷其中，有的人最后一无所获，落得悲惨境地。听说有一个人本来生活很富足，为了制造永动机花光了所有的积蓄，最后，永动机没有做成功，他也变成了穷光蛋。从某种意义上说，他只是众多牺牲者中的一个代表而已。后来，听说在他一贫如洗之后，虽然衣不蔽体，仍然没有放弃他所谓的"梦想"，还在找人帮他制造永远也不可能成功的永动机。这听起来很荒谬，也让人感觉很心痛，因为他终其一生都在为不可能实现的理想努力。归根结底，这是因为他连物理学的基本常识都不懂，一直在用错误的理论指导实践。

但是，我们也不得不承认，虽然永动机不可能实现，但是人们在发明永动机的过程中，有很多有趣的新发现。

16世纪末到17世纪初，荷兰有一位数学家非常著名，他叫斯台文，就是在对永动机理论进行深入分析后，提出了斜面上的力量平衡定律。不仅如此，这位著名的数学家还发明了很多其他的理论，一直到现在，对我们的生产生活都产生着重大的影响，比如说小数，就是他发明的。并且在代数学中，首次提出指数的概念。流体力学定律也是他发明的。后来，帕斯卡对这一定律进行了重新论证。

斯台文在提出斜面上的力量平衡定律的时候，没有用到我们常说的

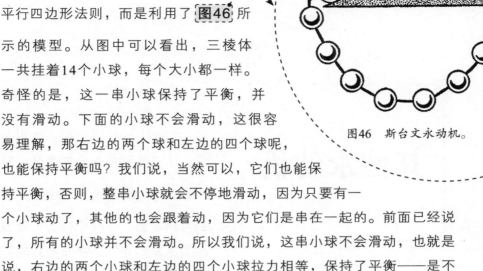
图46 斯台文永动机。

平行四边形法则，而是利用了 图46 所示的模型。从图中可以看出，三棱体一共挂着14个小球，每个大小都一样。奇怪的是，这一串小球保持了平衡，并没有滑动。下面的小球不会滑动，这很容易理解，那右边的两个球和左边的四个球呢，也能保持平衡吗？我们说，当然可以，它们也能保持平衡，否则，整串小球就会不停地滑动，因为只要有一个小球动了，其他的也会跟着动，因为它们是串在一起的。前面已经说了，所有的小球并不会滑动。所以我们说，这串小球不会滑动，也就是说，右边的两个小球和左边的四个小球拉力相等，保持了平衡——是不是很神奇？

通过这一不经意的发现，斯台文提出了斜面上的力量平衡定律。通过观察，斯台文发现，两个斜面上的小球重量的比值，正好是两个斜面长度的比值，并由此得出了结论。也就是我们现在所知道的斜面上的力量平衡定律：

　　　　如果两个物体连在一起，放到两个斜面上，要想达到平衡，物体重量的比值必须与两个斜面长度的比值成正比。

由此，还可以推论得出另一个定律，就是把其中的一个斜面换成垂直面。如果想要斜面上的物体保持平衡，必须在垂直面的方向上向下施加一个力，这个力的大小和斜面上物体重量的比值，等于垂直面的长度与斜面长度的比值。

由此可以看出，在发明永动机的过程中，人们阴差阳错地发现了很多有意义的力学理论。

78

其他永动机

其实，永动机的形式还有很多，下面我们就来认识另外一种永动机，如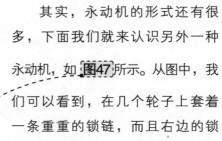所示。从图中，我们可以看到，在几个轮子上套着一条重重的锁链，而且右边的锁链比左边的锁链长。发明它的人觉得轮子和锁链不会保持平衡，因为两边的锁链不一样长，右边的锁链会向下移动，带动整条锁链绕着轮子旋转。表面上看，似乎是这样的。

实际上，锁链并不会移动，轮子也根本不转动。因为，虽然右边的锁链要长一些，但锁链的重力却被分解到各个方向，使得锁链可以轻易保持平衡，轮子也就无法转动。仔细观察，我们可以发现，锁链的左边是垂直向下的，而右边是斜拉的，所以尽管右边的锁链重得多，仍然无法拉动左边的锁链。也就是说，这个永动机也是一个失败的产物。

需要指出的是，即便很多人都在发明永动机的道路上跌了跟头，仍然有人自作

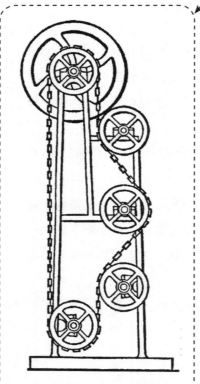

图47　另一种永动机图示。

聪明地把他发明的永动机带到了巴黎的一次展览会上。这个所谓的永动机由一个大大的轮子和在轮子里滚动的小球组成。这个人在亮出自己的发明时，信誓旦旦地说，任何人想使它停止转动都是徒劳的。于是，人们便想方设法地去阻止轮子转动，但没想到的是，轮子真的没有停下来。似乎，永动机真的实现了。其实，人们都没有想到，正是你试图阻止它转动，反而给了它动力，使它继续转动了下去。轮子之所以会转动，是因为轮子里的小球发挥了至关重要的作用。

彼得大帝时代的永动机

还有一个关于永动机的真实记载。说起来，那是发生在彼得大帝时代的事了。18世纪20年代初，彼得大帝得到了一台永动机，据说是一个叫奥尔费利斯的德国教授发明的。就是因为发明了这个机械，奥尔费利斯教授在德国可以说是家喻户晓。当他听说俄国沙皇对此感兴趣时，便想卖个好价钱。正巧，当时有一个叫舒马赫的图书馆管理员被俄国沙皇派到世界各地收集奇珍异宝，他便和奥尔费利斯教授进行了谈判，并把教授的有关要求传达给了彼得大帝。

舒马赫在见到彼得大帝时，兴奋地对彼得大帝说："只要支付10000耶费马克，那台机器就是咱们的了。"（耶费马克是16至17世纪在俄国流通的一种德国银币，1耶费马克约等于1卢布）。

据当时的舒马赫说，发明家做了保证，那台机器绝对没问题，发明家还说，如果世界上真的有人不相信他，那就犯了天大的错误。

79

　　因为这个，在1725年初的时候，彼得大帝计划出访德国，为的就是要亲眼目睹一下这台"永动机"的阵容。但没想到的是，这一计划还没有成行，俄国沙皇彼得大帝就去世了，不得不说是一种遗憾。

　　那么，这位德国教授到底是何许人呢？这台所谓的毫无问题的永动机到底是个什么东西呢？

　　据考证，巴思乐才是奥尔费利斯教授的真实姓氏。1680年，他在德国出生，先后从事过神学、医学和绘画等工作。最后，因发明永动机而出名。当时有很多人"赶时髦"，纷纷丢下本职，转而从事永动机的发明工作。可以说，奥尔费利斯是最有名的一个，也是最成功的一个。通过展出自己发明的永动机，奥尔费利斯可以说是名利双收。直到1745年去世，他都沉浸在这种巨大的成就里。

　　在一本古书上，我们找到了这台永动机的框架模型，如图48所示。据说，这就是1714年那台永动机的样子，从图中我们看到了一个大大的轮子，而且不光轮子在转动，通过轮子的转动，还把一些物体带到了高处。

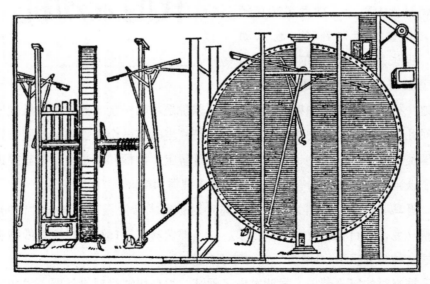

图48　这幅图是一张古画，画的就是彼得大帝没能得到的，由奥尔费利斯制造的永动机。

据说，这位德国教授把这台永动机拿到市场上进行展览，并因此声名远播。这台永动机也越传越玄，还引起了波兰国王的兴趣。奥尔费利斯就好像找到了靠山一样。当时，德国一个州的伯爵甚至把自己的城堡给了奥尔费利斯作为赏赐，并提供大量人力物力支持发明家对机器进行各种试验。

　　1717年12月12日，在一个房间里，教授对外宣称这台永动机试验成功。然后，还指派了警卫人员看守房间，并把房门锁住，不许任何人靠近。在接下来的两周里，没有人再进过这个房间，直到12月26日，伯爵亲自带着侍卫人员进入了房间，令伯爵惊奇的是，那台机器仍然在高速转动着，而且转动的速度也丝毫没有慢下来。即使人为停下这台机器，过一会儿，它还是会继续转动起来。后来，房间又被锁起来，继续派人看守着。转眼间，就到了1718年1月4日，当房间再次被开启的时候，人们发现，那台机器还在一刻不停地转动着。

　　接下来，房间又被锁了更长的时间，达两个月之久。当伯爵打开房间检查的时候，发现轮子还是没有停下来的意思。伯爵看了后大为高兴。

　　通过这个试验，发明家从这个兴奋的伯爵那里得到了权威认可。据说，当时还对这台机器给出了官方解释，是这样的：永动机转速是50圈／分，能够把16千克的重物提到1.5米的高度。不仅如此，它还能带动风箱和机床转动。正是靠着这次秘密试验，奥尔费利斯在欧洲过得如鱼得水，所到之处尽是赞美的声音。可以这么说，如果他没有同意把机器转让出去，至少可以得到10倍于转让额的收入。

　　很快，这台永动机试验成功的消息便传了出去，整个欧洲都传遍了，甚至连俄国沙皇彼得大帝都知道了，并引起了这位奇珍异宝收藏者的浓厚兴趣。

　　彼得大帝是在1715年出访外国的时候，听说奥尔费利斯的永动机的。当时，他派自己的亲信，外交大臣奥斯捷尔曼先去了解情况，当得到确切

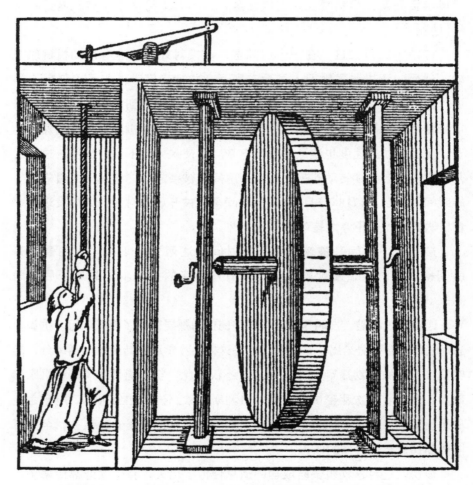

图49　从这幅古画中，可一探奥尔费利斯永动机的秘密。

的消息后，在还没有见到机器真相的时候，就发出了求购的意愿。据说，彼得大帝还盛情邀请发明者本人到身边工作，并给予"杰出发明家"称号。不仅如此，彼得大帝还派出了哲学家赫里斯基·沃尔富跟奥尔费利斯进行洽谈。

不得不说，奥尔费利斯在世界各地收获了显赫名望，全世界的恩宠都集于他一身，甚至有诗人撰写颂歌对他进行歌颂，赞美他神奇的发明。

事情到了这一地步，很多人对此产生了怀疑，认为这是一个彻头彻尾的骗局。有人站了出来，跟奥尔费利斯公开叫板，并拿出1000马克奖金，奖给那些勇于揭示骗局的人。从众多抨击文章中，我们找到了如图49所示的一幅画。据这个人的说法，奥尔费利斯的永动机骗局很简单，就是在这台机器的后面，连着一根绳子，有一个人一直在拉着它。绳子就连在轮子的轴上，拉绳子的人藏得很秘密，人们很难发现他。

其实，不难想象，终有一天，这个骗局会被揭穿的，这只是时间的问题。据说，这个秘密还是发明家自己透露的。有一天，发明家和妻子吵架，然后发明家的妻子气不过，便把这个秘密透露了出去。也许，如果发明家和妻子没有吵架，人们可能直到现在还处于困惑之中。原来，这台永动机并不像对外宣称的那样，而是由发明家的亲信一直在给它动力，才使得它能够持续转动。

直到这位发明家去世，他都不肯承认自己发明的永动机有问题，还说他的妻子和仆人是出于对他的怨恨才诋毁他的。但是，从那以后，人们再也不相信他了。他只有不停地向彼得大帝的使臣——舒马赫诉说自己的"不幸"，并称那些传言都是恶意诽谤。

值得一提的是，当时还有一台永动机也很出名，也是一个德国人发明的，他的名字叫格特叶尔，前面提到的舒马赫也见到了这台机器。他是这样描述这台机器的："在德雷斯顿，我亲眼见到了这台机器的草图。机器的形状有点儿像磨刀石，里面填满了沙子，并前后不停地运

动，据发明家格特叶尔说，运动的幅度不能太大。"很显然，这个永动机也不可能真的永远运动下去，肯定也是隐藏了机关在里面，只不过我们不知道动力来源于何处罢了。在写给彼得大帝的信中，舒马赫说："不管发明家对那些机器怎么吹嘘，英国和法国的学者们完全不相信那一套，他们认为所谓的永动机违背了物理规律。"不得不说，舒马赫这句话是正确的。

Chapter 5
液体和气体的
特征

关于两把咖啡壶的问题

如 图50 所示，两把咖啡壶的粗细一样，只是一个高一些，一个矮一些。那么，你知道，哪一把咖啡壶盛的液体多吗？

我相信，任何人乍一看到这一问题，肯定会不假思索地说，它们粗细一样，高的那个肯定盛得多。其实，你忽略了一个细节，那就是壶嘴的高度问题。从图中，我们可以看到，两把咖啡壶的壶嘴一样高，所以不管你往

图50　哪把水壶盛的水多？

哪一把咖啡壶里倒液体，只能把液体倒到壶嘴的高度，再多了就会从壶嘴里溢出来，所以，两把壶盛的一样多。

说到这里，其中的道理就很简单了吧？咖啡壶的壶嘴是和咖啡壶连在一起，里面是相通的。虽然壶里装的液体比壶嘴装得多，但每把咖啡壶的壶嘴所在的液面是一样高的，在同一个水平面上。换句话说，如果壶嘴的高度比咖啡壶低，你无论如何都不可能把咖啡壶装满，装进去的液体就会顺着壶嘴流出来。所以我们经常见到的各种水壶，壶嘴都比壶顶做得高一些，就是为了不让液体轻易流出来。

直到今天，罗马的居民还在使用着古时候奴隶们修造的输水管道，让现在的人们叹为观止。但是，需要指出的是，由于认知上的局限，当时的人们并没有充分考虑到为什么造成那样，他们根本不具备物理学的基本知识。

古人不知道什么

我们从一本古书上找到了这样一幅图，如图51所示。从图中，我们可以看出，这里的输水管道不是建在地下而是建在地上，还用石柱架起来。那么，当时的人们为什么要把管道建在地上，而不是埋到地下呢？那样岂不是容易得多？原因其实很简单，当时的建造者们没有把管道建到地下，就是因为无法保证地下管道的水在同一个平面上。地面是高低不

图51　古罗马输水管道建设图。

平的，如果只是把管子简单埋到地下，管子就可能沿着地势的起伏高低不平，这样就会出现一个问题，在地势低的地方，水就会流到地面上来。如果建到地上，这个问题就很容易解决了，只要把整段管道建成同一高度，并稍向下倾斜，就可以保证水沿着管道流动。有时候，为了保证水流动顺畅，需要绕很多弯，无形中增加了建筑工程量。比如，在古罗马，有一条爱科瓦·马尔基亚管道，长度达到了100千米，但连接管道两端的直线距离只有50千米，也就是说，因为弯道的存在，使工程量多了整整一倍。

液体向上产生压力

在容器里装上液体，液体就会对容器的底部产生压力，同时还对容器侧面产生压向容器壁的压力。这一点，即使没有学过物理学的基本知识也明白。但是，你知道吗，液体有时候也会向上产生压力。下面我们举一个例子说明一下，你就会明白了。如图52所示，这是一只普通的煤油灯的灯罩。找一张厚纸板，剪出一个圆形的纸片，纸片的大小要比灯罩口稍大一些。把圆形纸片盖在灯罩口上，并在纸片中心穿一条细绳，然后把灯罩倒转过来，用手拽住细绳，防止纸片脱落，把灯罩慢慢放

图52　证明液体可以向上产生压力的实验。

到水里面，在某一个位置，放开纸片上的细绳，你会发现，圆形的纸片并没有从灯罩口上掉下来。也就是说，纸片这时受到了向上的压力，才使得纸片在没有人为干预的前提下，也掉不下来。

图53　容器底部面积和水面高度与液体对其底部产生压力的关系。

其实，我们还可以通过一个小小的实验，计算得出水对纸片向上的压力。很简单，只要小心地向灯罩里注水，当灯罩内和灯罩外水面接近的时候，纸片就会掉下去。也就是说，纸片受到的向上的压力就等于刚才向灯罩内注入的水对向下纸片的压力。浸入液体里的物体会受到液体对它的压力，这个定律就是这么得来的。阿基米德原理中关于液体里的物体重量会小一些，也是这么得来的。

我们还可以找一些罩口面积相同但形状不同的灯罩做这个实验。通过实验，可以证明另一条定律，就是浸入液体里的物体受到液体压力的大小跟容器的形状无关，只跟容器底部的面积和水面的高度有关。如 图53 所示，我们把找到的灯罩按照刚才的实验步骤，每个灯罩都试一下，我们会发现，每次都是把灯罩里的水加到同一高度，纸片就会掉下去。也就是说，不管容器的形状是什么样子，只要它们的底面积和高度相等，容器里的水的压力都相等。需要注意一点，那就是这里我们说的是高度，而不是长度。水柱长也好，短也好，斜也好，直也好，只要高度相同，底面积一样，它们对于容器底部的压力就是相等的。

哪一边更重

如 图54 所示，在天平的两个托盘上分别放着两只一模一样的桶，里面装满水。不同的是，其中的一只桶上漂着一个小木块。那么你知道天平会向哪一边倾斜吗？

有的人说肯定是有木块的那边重一些，因为桶里除了水之外还有木块；也有的人不这么认为，觉得没有木块的那边重一些，因为桶里放上木块，水就会少一些，而水的比重比木块大多了。那么，究竟哪一个答案是准确的呢？

事实上，前面的两个说法都不准确。天平的两边一样重，天平会保持平衡。诚然，装着木块的那只桶，里面的水会少一些，因为木块

图54　在天平的两个托盘上放着两个一模一样装满水的桶。一只桶上漂着一小块木块。天平会向哪一边倾斜？

放进去后，会把水排掉一些。物理学上有一个重要的浮体定律：

任何物体浮在水中，都会排出与自身重量相等的水。也就是说，根据浮体定律来分析，我们很容易就可以得出，天平的两边是等重量的。

如果我们把刚才的题目修改一下，天平的其中一个托盘上放的水不是满的，而是半桶，桶的旁边搁上一个小砝码；在另一个托盘上加砝码，使天平两端达到平衡。这时，我们把水桶旁边的砝码放到那半桶水里，天平会怎样变化？

前面我们曾经提到过，阿基米德原理说：放在水里的物体，重量会减轻一些。这么分析的话，刚才的砝码放到水桶里后，重量变轻了，那天平上放置水桶的一边就会上升。但实际上天平没有任何变化，这又是为什么呢？

其实，刚才的分析忽略了一个事实，那就是砝码放到水里后，排出了一些水，使得桶中的水面比一开始高一些，高出来的这部分水对水桶底部产生了一个压力，这个压力正好平衡了砝码放进去减轻的重量，所以天平仍然是平衡的。

液体的天然形状

日常生活中，我们见到过很多液体，它们通常没有固定的形状，装在什么容器里就是什么形状。真的是这样吗？其实不然，所有的液体本身是球形的。我们都知道，液体也是有重量的，就会受到重力的作用，使得它本身的模样难以保持。如果把它装在容器里，就会变成容器的形状，如果洒到桌子上，它就会变成薄薄的一层。现在，有两种不同的液体，它们的密度相同，如果把其中一种液体放到另一种液体中，会怎样变化？根据前面提到的阿基米德原理——任何物体放到液体

里，都会减轻一部分重量。这两种液体密度相等，前一种液体就会完全失去自身的重量，重力作用完全消失，液体就会显示出它本身的形状。

我们可以通过一个实验来验证一下。我们知道，橄榄油的密度比水小，但是比酒精要大。现在，我们把水和酒精进行混合，使它们的混合液的"密度"和橄榄油相等。这样，如果把橄榄油放到混合液中，橄榄油就会被混合液包裹在其中。如 图55 所示，我们用一只注射器把橄榄油打到混合液中，我们会看到打进去的橄榄油既没有下落，也没有浮起，而是慢慢汇聚成一个球形，悬停在混合液中（盛混合液的容器壁越平整，效果越好）。

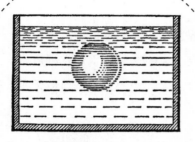

图55　在稀释的酒精里，橄榄油滴既没有下落，也没有浮起来。

需要指出的是，这个实验做起来要非常有耐心，不能着急，特别是在用注射器打橄榄油的时候，动作要特别小，否则橄榄油就会分散成很小的"颗粒"，很难汇聚成一个大的球形。

让我们接着进行实验。如 图56 所示，找一根细竹签或细铁丝，慢慢穿到刚才形成的油滴中，然后旋转竹签或铁丝，我们会看到油滴随之慢慢转动，并且形状发生了变化，变得扁了一些。如果旋转的速度变快一些，变扁的油滴就会慢慢变成一个圆环，并随着速度的变快，分散出很多小油滴，也呈球

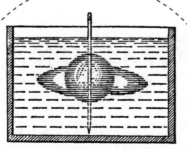

图56　用一根细竹签插进油滴中旋转，油滴会随之转动，分裂出一个油环。

形，绕着大油滴转动。

这个实验非常有趣，刚开始是由一位比利时的物理学家发现的，他叫普拉图。前面我们做的实验就是普拉图实验的再现。其实，我们可以把实验做得更有趣一些。如图57所示，在一只冲洗干净的玻璃杯中装上橄榄油，然后把玻璃杯放到一个大玻璃杯的底部，往大玻璃杯中缓慢加入酒精，直到把小玻璃杯完全"埋"到酒精里面。下面再沿着大玻璃杯的杯壁向大玻璃杯中加水，动作一定要慢。随着水的加入，我们就会发现，装在小玻璃杯中的橄榄油上平面慢慢凸起来，水加到一定程度的时候，小玻璃杯里的橄榄油就会完全脱离小玻璃杯，变成一个大大的球形，跟前面的实验一样，悬停在水和酒精的混合液里。

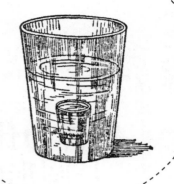

图57　简版普拉图实验。

如果没有酒精，我们可以用别的液体来做这个实验，一样可以得到同样的实验结果。比如，用苯胺代替橄榄油。当水温比较低的时候，苯胺的密度比水大，但如果水温比较高，苯胺的密度就会比水小一些，所以我们只要把水加热，就可以使苯胺悬停在水中。跟前面的橄榄油一样，这时的苯胺也会变成一个球形。如果在常温下，我们还可以用盐水代替清水，做这个实验，因为常温下盐水的密度要比清水大，盐水的浓度达到一定值后，就会和苯胺的密度一样大，苯胺一样也可以悬停在一定浓度的盐水中。另外，这里的苯胺也可以用甲苯来替代，甲苯在24℃的时候，与盐水的密度相当。

铅弹为什么是圆形的

通过前面一节的实验，我们知道，任何液体在不受到重力作用时，会表现出它本身的形状——球形。在前面的章节中，我们还提到过，如果不考虑空气阻力的影响，物体在自由下落的过程中是没有重量的。那么，是不是说，如果液体自由下落也一定会呈球形。实际上，是这样的：下雨的时候，雨滴就是球形的。铅弹也是这样制成的，我们通常把利用这种方法制成的铅弹叫作"高塔法"铅弹。如图58所示，高塔的高度有45米高，是一个很高的建筑。在塔顶上有一个熔铅炉，塔的旁边有一个很大的水槽，把刚刚熔化的铅滴从高塔上浇下来，浇到装有冷水的大水槽中，就会形成一个球形的铅弹。这样制成的铅弹还要经过打磨处理。其实，熔化的铅液在下落过程中就已经凝固了，大水槽的作用只是为了避免铅弹受到剧烈撞击，以求得到相对呈球形的铅弹。当然，这种方法制成的铅弹直径一般不会超过6毫米，如果需要的铅弹比较大，就会采取别的方法制作。

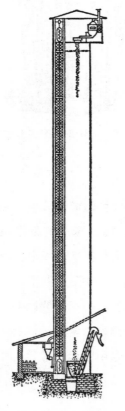

图58　利用高塔法制作铅弹。

没有底儿的高脚杯

在一个杯子中装满水，注意一定要装得满满的，一直装到杯子的边缘。再准备一些大头针。现在，我们往杯子中投放大头针，会发生什么情形呢？我们就来试试看。需要注意的是，在往杯子中放大头针的时候，一定要小心再小心，防止把杯子中的水溅出来。具体方法是这样的：先把大头针的针尖放到水面上，然后慢慢放开大头针，让大头针慢慢落到水里，不能有一点点震动。在放大头针的时候，注意数一下放进去的数量。如图59所示，我们会惊讶地发现，随着一枚枚大头针放进水里，杯子里的水并没有一滴溢出来，而放进去的大头针的数量已经很多了，可能有几十个或者100个。

图59 神奇的大头针实验。

实验还没有结束，我们还可以继续往杯子里放大头针，即使再放入100个、200个，或者300个，水一样还是没有溢出来一点儿。不仅如此，甚至看不出水面高度有任何显著的变化。当然，如果仔细观察的话，还是可以看出水面的高度只是比原来的水面略高了一点点。简直太神奇了。其实，秘密就在

水面高出来的这一部分。被大头针排出的水就在杯子上形成一个凸面。如果我们可以算出每一枚大头针的体积，就可以算出被排出的水的体积。这个实验中杯子上形成的凸面的体积，大概就是几百个大头针的体积。所以杯子里可以容纳下几百个大头针。很简单的道理，如果杯子再大一些，它的杯口就会更大，形成的凸面体积也就更大，杯子可以容纳的大头针就会更多。

下面，我们就来粗略计算一下大头针和形成的凸面的体积。假设一个大头针的长度是2.5厘米，直径是0.5毫米。根据几何公式 $\dfrac{\pi d^2 h}{4}$，我们很容易计算出，一个大头针的体积约5立方毫米，如果加上针头的体积，整个大头针的体积也就是5.5立方毫米。

假设杯子的直径为9厘米，也就是90毫米，那么杯口的面积就大概是6400平方毫米。再假设凸面的高度为1毫米，那么凸面的体积就是6400立方毫米，这个体积足有大头针体积的1200倍之多。也就是说，如果往这只杯子中装满水，再往里扔大头针，可以容纳的大头针数量竟然达1200个。事实上也是这样的，只要你足够仔细，确实可以把1000多个大头针放到杯子里去。这么多大头针放进去之后，水面看上去就好像要溢出来一样，但却没有一丁点儿水流出来。

煤油的有趣特性

如果你用过煤油灯，并仔细观察过的话，你肯定有这样的记忆：如果煤油灯里的油是满的，煤油灯在点了一会儿之后，煤油灯的外表就会显得油乎乎的，不管你之前把外表擦得多么干净。

这就是煤油的一个有趣特性。如果煤油灯加油口上的盖子没有拧紧，煤油就会沿着加油口流到外面。要想煤油不流出来，只有一个办法，就是把加油口的盖子拧紧。需要注意的是，在往煤油灯里加煤油的时候，一定不要装得太满，因为煤油预热会膨胀，如果煤油加得过多，而盖子又拧得很紧，就有可能发生危险，所以一定要留出一定的空隙。

煤油的这一有趣特性，常常使得人们欲哭无泪，特别是那些利用煤油作为燃料的船只。在这样的船上，煤油经常从一些看不见的缝隙中流出来，流得到处都是，把船员的衣服沾得满是油污，更不用说油箱外面了，也满是油污。如果不采取措施，没人愿意使用这样的船装载货物。对这一情况，人们想了很多办法，但都没有特别好的效果。

有一位英国作家叫詹罗姆，特别幽默，他写了一篇小说，叫《三人同船》，里面有一段有趣的描述，就是讲煤油的。他是这么写的：

> 在这个世界上，可能没有什么东西能比煤油会"钻"了。我们坐的船，油箱是放在船头的，但是它却偷偷溜到了船尾。整个旅途，我们都被它烦透了，所有的东西都无一幸免。它从船缝里钻出来，一会儿钻到水里，一会儿钻到空中，连海上的风也充满煤油的气息，这简直是在毒害我们的生命。就连天上的月亮，也沾染上了煤油的气息。有时候，我们把船靠岸，想上岸呼吸一下新鲜空气，或者到城里走一走，但一阵风吹来，煤油的气息还是扑面而来，赶都赶不走，好像整个城市都被煤油的气息笼罩了一样。

其实，詹罗姆有些夸大其词，他们只是因为衣服上沾染上了煤油，所以身边总是有煤油的气味。这就是煤油的一个有趣特性，有时候确实挺烦人，它总是流得到处都是。但并不是说，煤油可以透过玻璃或金属，这是一种错误认识。

不会沉入水底的硬币

如果我说，把硬币放到水中，它不会沉下去，你一定不会相信，但它真的有可能发生。我们可以通过一个实验来验证一下，看了这个实验，你就会相信我说的是真的了。下面，我们先用一根缝衣针试一下。那么，怎么才能使缝衣针放到水里而不沉下去呢？实际上，方法很简单。如图60所示，首先需要把针擦干净，并保持干燥，在水面上放一张纸，把缝衣针放到上面，然后用其他针把纸压到水里面去，等到纸完全被水浸透，完全沉到水里面，你会发现，缝衣针并没有随着纸沉下去，而是停留在了水面上。

如果拿一块磁铁在杯子外面移动，还可以看到针会随着磁铁移动，但并没有掉到水里面去。

实验做得多了，你就会非常熟练，成功的概率也会大很多，甚至可以不用纸就可以把针放到水面上。具体方法是这样的，哪怕你以前没做过，也可以试一下：用手指夹住缝衣针的中间，在距离水面不远的地方，把缝衣针水平放下，它就那样浮在水面上了，很神奇吧？

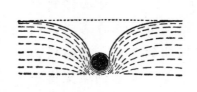

图60 没有掉进水里的针。

实验工具还可以换成大头针、纽扣或者很小巧的平面金属，甚至硬币，它们都跟缝衣针一样，可以浮到水面上，而不会沉到水里去。

　　为什么这些东西都能浮到水面上，而不下沉呢？原因其实很简单，就是因为我们在把这些东西放到水面上之前，用手拿过了，手上的油脂就会沾到这些东西了。我们知道，玻璃只要沾上油，就很难再沾上水，因为水和油不能融合。不管怎么清洗手，都不可能做到完全没有油脂。就是因为这个原因，在这些东西与水接触的表面，形成了一个隔离层，使得水面凹下去了。如果仔细观察，可以发现凹下去的水面。水面凹下去后，努力想恢复原状，于是无形中就会给这些东西一个向上的压力，从而使得这些东西不会下沉。同时，根据浮体定律，水面上的物体还会受到水的排斥力，也就是浮力，大小等于所排开的水的重量，所以这些东西能浮在水面上。

　　当然，如果把缝衣针表面事先涂一层油，可以很简单地就把针放到水面上，根本不需要那么小心。

用筛子盛水

　　根据物理学知识，我们知道，用筛子盛水是根本不可能的事情，这种事情也许只有在童话里才会有。下面我们就来做一个实验。如图61所示，筛子是用金属丝编的，直径大约有15厘米，筛子孔的大小大约有1毫米，可以透过去一根大头针。事先把筛子浸入熔化的石蜡中，然后再把筛子拿出来，我们可以想象，在筛子的孔隙，也就是金属丝上附着了一层石蜡。

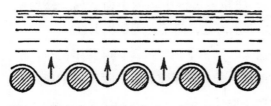

图61　筛子的孔隙里形成了一层凹下去的膜。

现在，我们就可以拿刚才的筛子到水里舀水了，只要动作不大，避免筛子受到震动，可以盛出不少的水呢。

那么，水为什么没有透过筛子的孔隙漏下来呢？这是因为，在用浸了石蜡的筛子盛水时，筛子的孔隙里形成了一层凹下去的膜，正是有了这么一层薄膜，才使得水没有漏下去。

反过来，如果我们把刚才的筛子平放到水面上，筛子一样不会沉下去，而是浮在水面上。

不清楚物理学原理的人肯定觉得很奇怪，但是我们知道了为什么会这样，并不觉得奇怪。这个实验还可以解释我们日常生活中很多司空见惯的现象。比如，在木桶或船上涂上一层松脂，在塞子或套管上抹上一层油，在纺织品上附上一层橡胶等，都是为了防水，不让水透过去。

泡沫如何为技术服务

在前面一节的实验中，证明了大头针或者硬币都可以浮在水面上。这一方法还被拿来在矿冶工业中选择需要的矿物。其实，选矿的方法有很多种，但是我们下面要讲的"浮沫选矿法"却是效果最好的一种方法。有时候，在别的方法行不通的情况下，这种方法一样可以发挥作用，把需要的矿物选出来。

那么，什么是"浮沫选矿法"呢？如 图62 所示，先在槽里放入水和某种特殊的油，再放入事先轧碎的矿石。这种特殊的油就会在需要的矿物碎粒表面形成一层薄膜，使这些矿物碎粒不沾水。然后往槽里吹入大量空气，把矿物碎石的混合物搅动起来，就会形成很多小气泡，也就是泡沫，被油包裹的矿物碎粒就会跟泡沫连在一起，随着泡沫浮起来，就像热

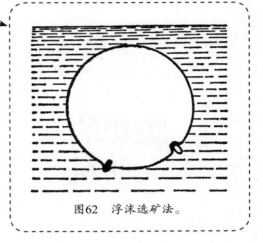

图62　浮沫选矿法。

气球下面的吊篮一样。而没有被油包裹的矿物碎粒，则不会跟泡沫连到一起，也就浮不起来，仍然跟水混合在一起。这样就把需要的矿物碎粒选了出来。需要说明的是，泡沫的体积要比要筛选的矿物碎粒体积大得多，以保证需要的矿物碎粒全部到泡沫上，浮到水面上来。否则，就无法把需要的矿物碎粒全部选出来。这样，再对这些泡沫进行简单的处理，就能把我们需要的矿物从大量的矿物碎粒中选出来了。

现在，人们仍在利用这一方法选矿，而且已经达到相当高的水准，几乎可以选出任何一种矿物。只不过，根据所选矿物种类的不同，选择的液体不一样罢了。

其实，在"浮沫选矿法"大量应用于工业选矿的时候，并不是很清楚它的物理学原理。难以想见的是，这一方法的发明和产生是人们通过观察得来的。有一次，人们在洗装过黄铜矿的沾满油污的麻袋的时候，发现一个现象，就是有一些黄铜矿的碎末跟肥皂沫沾到了一起，并浮到了水面上。所以可以说，在浮沫选矿这一方法上，实践走在了前面。

臆想的永动机

在不少书上，我们都见过这样一种永动机模型，如图63所示，并把它作为真正的永动机：底下的容器中装着一些油，也可能是水，油里面有一根灯芯，把油吸到上面的一个容器里，然后又被灯芯吸到更高的容器里。在最上面的容器上有一个口，吸上去的油通过这个出口流到下面轮子的叶片上，带动轮子转动。流到轮子上的油又流到轮子下面的容器里，然后这个容器里的油又被吸到上面的容器里。这样，油被不断吸到上面的容器里，油也就不断地流下来，从而带动轮子不停地转动。

图63　臆想的永动机。

其实，这根本不可能实现。即便有人制造了这样一个装置，容器里的水或者油也根本不可能被吸到上面去。没有水或油流下来，轮子也就不可能转动了！

道理其实很简单。觉得它会成功的人认为液体被灯芯吸到上面就会向下流，实际上是不可能实现的。液体之所以能被吸到灯芯上部，是因为毛细作用的缘故，它战胜了油本身的重力！那么，同样的道理，既然毛细作用能战胜重力，同样也会使液体不流下来。换句话说，即便灯芯能把底下容器里的油吸到上面的容器里，上面容器里的油也会被灯芯吸到下面的容器里。

说到这儿，让我想起了另一个永动机的模型。它是由一位意大利机械师于1575年发明的，这位机械师的名字叫斯托拉塔·斯泰尔西。如 图64 所示，这就是这

图64 古人设计的水力永动机。

台永动机的设计图。一个螺旋排水机在运转的时候把水升到上面的水槽里，然后水从槽口流出来冲到水轮上，带动水轮转动。转动的水轮又带动磨刀石转动。磨石刀通过一组齿轮再带起整个螺旋排水机运转起来。如果这种永动机真的能成功的话，那么我们可以设计出更简单的"永动机"来：在顶棚上固定一个滑轮，然后在滑轮上穿上一根绳子，在绳子的两端各拴上一个重物。那么，其中一个重物落下来的时候，就会把另一个重物提上去，提上去的重物落下来的时候，又会把另一个重物提上去……但是，这是根本不可能的。

肥皂泡

很多人都吹过肥皂泡，而且觉得是一件特别简单的事儿。但是如果我问你，你真的会吹肥皂泡吗？你可能会觉得我有问题。其实，吹肥皂泡也是需要技巧的，要想吹出又漂亮又大的肥皂泡，并不是一件简单的事儿。换句话说，要想吹好，需要多加练习，这是一门艺术！

在日常生活中，我们经常会见到有人吹肥皂泡，但我们却很少去仔细观察这一现象，也没有仔细想一想肥皂泡是怎么形成的。甚至有时候我们会觉得它很讨厌。实际上，如果你仔细观察，会觉得它真的很有趣，并且可以从中学到很多东西。

我们都见过肥皂泡薄膜绚烂的颜色，这在物理学家看来，就是很有用的东西，可以用它来测出光波的波长，并可以拿来研究薄膜的张力，还可以进行分子力作用定律研究。这里的分子力其实是一种内聚力，在这个世界上，如果没有内聚力的存在，整个世界就会变成只有微尘的世界。

下面，我们就来做几个实验，帮助我们对肥皂泡有一个更加深入的认识，特别是对吹肥皂泡这门艺术有一个重新的认识。波依思曾经写过一本书，叫《肥皂泡》。在这本书里，有很多关于肥皂泡的实验，并进行了详细的说明。这里我们说的实验都是从这本书里摘录出来的。

肥皂泡，顾名思义，是用肥皂溶液吹出来的。我们洗衣服用的肥皂就可以吹肥皂泡。但是要想吹出又好看又大的肥皂泡，最好还是用橄榄油肥皂或者杏仁油肥皂。把这种肥皂溶化在干净的冷水中，如果有雪水或者雨水，则更好。如果没有，可以用凉了的开水。这样才能保证吹出的肥皂泡飞得久一些。另外，最好再在肥皂溶液里加上1／3的甘油。溶液配好后，去掉上面的一层浮沫，然后找一根吸管，在吸管的一端里外涂抹上一些肥皂，把吸管插到肥皂溶液里。当然，如果没有吸管，可以用细麦秆代替。

下面，我们就可以吹肥皂泡了。首先，要把吸管竖直放到肥皂溶液里，沾上一些肥皂溶液，然后把没有沾溶液的吸管一端放到嘴里，均匀呼气，就会吹出肥皂泡来，而且肥皂泡会向上飞去。这是因为，我们呼出的是热气，而热气比正常温度下的空气要轻一些。

如果配置的肥皂溶液足够成功的话，你完全可以吹出直径10厘米的肥皂泡来。如果没有这么大，可以尝试着在溶液中再加入一些肥皂。还有更好玩的，我们可以在手指上沾上一些肥皂溶液，把手指插进吹出的肥皂泡中，肥皂泡并没有破掉，神奇吧？配出这样的肥皂溶液后，我们就可以接着做下面的实验了。

在实验前，还需要保证两点：一是房间里的光线要充足，二是要有一定的耐心。否则，就有可能发现不了肥皂泡的美丽了。

实验一：花朵被肥皂泡包裹。把一些肥皂液倒进一只大盘，茶盘也可以。肥皂液有2毫米～3毫米深就行。在盘子中间放上一朵花，拿一个玻璃漏斗盖在上面，再把它慢慢拿起来，用吸管向漏斗里面吹气，就能吹出一个肥皂泡。接着继续吹气，等肥皂泡达到一定大小后，按照图65左上的样子，倾斜漏斗，露出肥皂泡。这时，奇迹发生了，花朵被刚才吹出的肥皂泡整个包裹了起来，肥皂泡薄膜上还闪耀着各种彩虹。如图65左下所示，我们还可以用一个小石膏人像来做这个实验。更有趣的是，如果我们事先在人像的头上滴点肥皂液，就可以在大肥皂泡把石膏像包起来之后，用吸管在人像头上吹出一个小肥皂泡，大肥皂泡仍然可以保持完好。

105

实验二：大肥皂泡套小肥皂泡。如**图65**左下所示，用刚才的漏斗先吹出一个大肥皂泡来，然后找一根长一些的吸管，除了嘴上含的那一点儿外，全部沾上肥皂液。然后，把这根吸管慢慢伸到大肥皂泡的中心，再往回抽，在距离大肥皂泡薄膜还有一点儿距离的时候，停住吸管，吹出一个小肥皂泡。这样，大肥皂泡里面就套上了一个小肥皂泡。我们还可以在这个小肥皂泡里吹出一个更小的。接着，还可以吹出第二个、第三个……

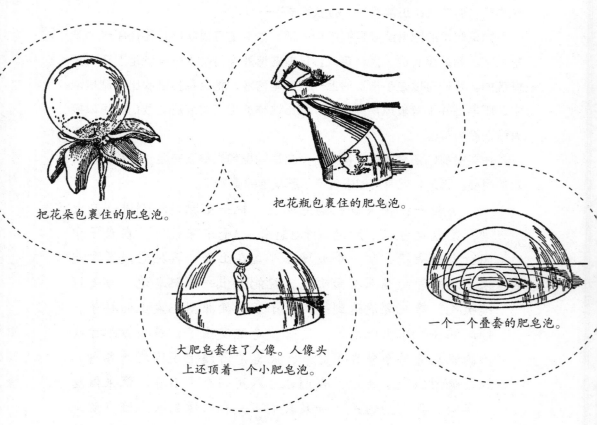

把花朵包裹住的肥皂泡。

把花瓶包裹住的肥皂泡。

大肥皂套住了人像。人像头上还顶着一个小肥皂泡。

一个一个叠套的肥皂泡。

图65　肥皂泡的几种实验。

实验三：肥皂膜形成圆柱体。如 图66 所示，准备两个铁环。吹一个大肥皂泡，直径要比铁环大一些，把它放到其中一个铁环上，再把另一个铁环轻轻放到大肥皂泡的上面，然后反方向拉两个铁环。慢慢地，刚才的肥皂泡变成了一个圆柱体。有意思的是，如果再继续用力慢慢向外拉，圆柱体的中间就会收缩，最终，这个圆柱体变成两个肥皂泡，分别沾到两个铁环上。

图66　制作圆柱体肥皂泡的方法。

肥皂泡除了会对里面的空气有一定的压力外，还会受到表面张力的作用。如 图67 所示，如果把吹有肥皂泡的漏斗口靠近火焰，就会看到这个表面张力并不算小，火焰会明显偏向一边。

图67　受热的空气吹出的肥皂泡。

关于肥皂泡，还有一个非常有趣的现象：如果把它从暖和的地方移到冷的地方，体积就会缩小。反过来，如果从冷的地方移到暖和的地方，体积就会变大。这是因为肥皂泡里的空气在热胀冷缩。假设这个肥皂泡在零下15℃时的体积是1000立方厘米，那么，如果把它移到零上15℃的房间，它的体积就会变成110立方厘米：

$$1000 \times 30 \times 1 / 273 \approx 110 立方厘米$$

另外，这里还要说明一点，很多人认为肥皂泡的生命很短暂，其实这种说法并不准确。如果好好照看，它可以"存活"十几天的时间。英国物理学家杜瓦专门制作了一个大瓶子，把肥皂泡放到里面，避免它受到尘埃

和空气流动的影响，这个肥皂泡"存活"了一个多月的时间。还有人用玻璃罩把肥皂泡罩起来，好几年之后肥皂泡才破掉。

什么是最薄、最细的东西

日常生活中，我们形容一个东西很薄，经常说它像头发一样细或像纸一样薄。如果拿肥皂泡和这些东西比起来，相差真不是一点儿半点儿。可以说，肥皂泡薄膜是我们人眼所能观察到的最薄的东西。虽然很多人并没有这样的感觉。一根头发大约有 $\frac{1}{200}$ 厘米粗，肥皂泡薄膜的厚度只有头发粗细的 $\frac{1}{5000}$。如果把肥皂泡薄膜的厚度放大200倍，单用肉眼，我们也很难看清楚它的横截面有多厚，再放大200倍，也就是只有一根细线那么厚。而一根头发如果也放大这么多倍的话，足有2米粗了。如 图68 所示，分

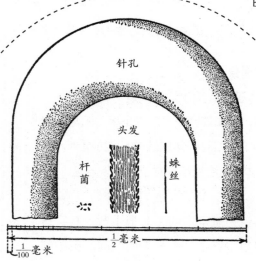

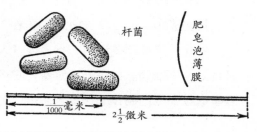

图68 左图是放大了200倍的针孔、头发、杆菌和蛛丝。右图是放大了40000倍的杆菌和肥皂泡的薄膜。

别是肥皂泡的薄膜和针孔、头发、杆菌、蛛丝等进行的对比。从图中可以看出，它们的差别非常大。

不湿手

把一枚硬币放进一个装有水的平底盘子里。要求水不能太少，要能把硬币淹没。这时，如果让你把硬币拿出来，但是手不能沾湿，你一定觉得这是不可能的事情。

其实，我们只需要一只玻璃杯和一张烧着的纸，就可以做到。把烧着的纸放进杯子，迅速把杯子倒过来，盖到盘子上，硬币留在杯子外面。过一会儿，等纸烧尽，杯子里就会变得烟雾缭绕，慢慢的，盘子里的水发生了变化，它们竟然全部流进了杯子里！这时，我们就可以把硬币拿起来，而手一点儿也不会沾湿。

这是为什么呢？水为什么会全部自动流进杯子里，而且水柱那么高，都不会流下来。其实，这是空气压力所致。纸烧着以后，杯子里的空气压力变大就会排出一部分，等纸烧完，杯子凉下来，里面的空气压力又会变小，于是杯子外面的空气就把盘子里的水压到了杯子里。

如 图69 所示，也可以不用纸，而是

图69　用两根火柴将盘子里的水压到杯子里去。

拿两根火柴，把它们插在木塞上点着。跟前面是一样的道理。

其实，很多人并不这么认为。他们对这一现象的解释是，纸烧着以后，把杯子里的氧气消耗掉了，所以杯子里的气体就少了。这种说法是错误的。就像前面说的，主要是因为杯子里空气受热，而不是把氧气消耗掉了。因为我们完全可以不用纸做这个实验，如果在倒扣杯子之前把杯子烫一下，同样可以得到一样的效果。还可以用沾了酒精的棉花，它可以烧得久一些，效果会更好。另外，前面的说法不成立，还可以这么证明：即便是烧着的纸消耗了氧气，那还产生了二氧化碳和水汽，它们占据的位置可能比消耗掉的氧气还要大。特别值得一提的是，在公元前1世纪，古代物理学家菲罗就准确解释了这一现象。

我们怎么喝水

我们每天都需要喝水，否则我们根本不可能活下去。喝水不需要人教，把杯子放到嘴边，然后把水"吸"到嘴里。这个动作，我们每天都要做很多很多遍，已经变得习以为常了，根本不会去想，为什么水会流到嘴里，是什么东西把它吸进去的？其实是这样的：我们在喝水的时候，胸腔都会变大，这样就把嘴里的空气抽出去了，口腔里的压力就会变小，而外面的空气压力要大一些，这样就会把水压到空气压力比较小的地方，也就是我们的嘴里。这种现象和液体会随着连通管两边压力大小的变化在连通管里流动是一样的道理。

我们先在连通管里装上液体，把其中一个管上方的空气抽出一部分，由于大气压力的作用，连通管另一个管里的液面就会上升。如果把矿泉水瓶的瓶口整个含在嘴里，不管你用多大的力，都不可能把水吸出来。这是因为，嘴里的气压和瓶子里的空气压力完全相等。

所以，我们说，当我们喝水的时候，肺起了大作用，正是它的扩张才使嘴里的空气压力变小，水才会被"吸"到嘴里。

改进的漏斗

向瓶口比较小的瓶子或罐子里倒液体的时候，经常要用到漏斗，否则就会把液体倒得到处都是。但是，你知道怎么正确使用漏斗吗？正确的方法就是要时不时地把漏斗向上提一下，否则液体就会停在那儿，不往下流了。这是为什么呢？因为如果不向上提一下漏斗的话，瓶子里的空气就排不出去，就会有气压，就会阻止液体流到瓶子里。刚开始，液体有可能会流进去一些，但如果再往里倒液体，就会受到来自空气的向上的压力，把液体挡在外面。所以，正确的方法就是经常提一下漏斗，把瓶子里的空气排出去一些，漏斗里的液体也就很顺利地流到瓶子里去了。

如果每次使用漏斗的时候，都这么做，实在有些麻烦。所以，有人对漏斗进行了改良，就是把漏斗的外面做成了瓦楞的形状。这样，再把漏斗放到瓶口上的时候，漏斗和瓶口之间始终会有空隙，瓶子里的空气就会很容易排出去了。在一些实验室里，这种结构的漏斗得到了广泛的应用。

一吨木头与一吨铁

小时候，我们经常会被问到一个问题：一吨木头与一吨铁，你觉得哪个重？很多人会回答：一吨铁重，结果引得大家哈哈大笑。还有人会说，一吨木头重。大家一定会觉得他脑子"秀逗"了。这种说法，到底有没有道理呢？从某种意义上说，确实是有一定道理的。

物理学上重要的定律——阿基米德原理，不光适用于液体，对气体同样适用。根据这个原理，我们知道，物体在空气里失掉的重量，等于这个物体所排开的同体积的空气的重量。

木头与铁，在空气里同样也会失掉一部分重量，要想计算出它们的真正重量就要把失掉的重量加上去。所以，在前面的问题里，木头的真正重量等于1吨加上跟这1吨木头同体积的空气的重量；而铁的真正重量等于1吨加上跟这1吨铁同体积的空气的重量。

1吨木头所占的体积大约是$\frac{1}{8}$立方米，约为1吨铁的16倍，两种物体所占空气大约相差2.5千克。所以，一吨木头的真正重量要比一吨铁重多了。这个结论可以这么说，更确切些：在空气中，一吨木头的真正重量，比一吨铁重多了。

没有重量的人

小时候，我们都曾幻想自己变成一根羽毛，那样自己就可以脱离地心引力的作用，飞到天上去，飞到世界各地去，想飞到哪儿就飞到哪儿。其实，我们都知道这是不可能的，因为我们比空气重，不可能飞起来，只能够在地面上行动。而且，羽毛也比空气重多了，所以即便是羽毛，也不是想去哪儿就可以去哪儿的。飞不了多久，它照样会落下来。

托希利曾说过："我们人类，其实是生活在空气海洋的底部。"所以，如果我们真的变轻了，变得比空气还轻，就会从这个"海洋"的底部向上升起，升到很高很高的地方，一直到空气密度和我们身体密度相等的位置才会停止，至少也会到达几千米的高度。那里空气非常稀少，你根本无法驾驭自己。在那儿，你也不可能想飞到哪儿就飞到哪儿，因为那时候你已经成为了空气的"俘虏"，它想让你去哪儿就去哪儿。

在威尔斯的一篇幻想小说中，就是写的这种不同寻常的境遇，里面有这样的情节：

有一个人，非常胖，他想减肥。小说的主人公有一个偏方，吃下这种偏方配的药，就会减轻体重。胖子和主人公是好朋友，他就向主人公要了这个偏方，并把药服了下去。过了几天，小说的主人公去看望这个胖子朋友，他来到胖子的家，敲了半天门，都没有人来开门。又过了好一会儿，才听到钥匙开门的声音，并且听到胖子在里面说："进来吧，朋友。"

于是，小说主人公打开了门，本以为会见到好朋友，结果找了半天都没有找到。胖子没有在房间里！书房乱成一团，碗和盘子就那样凌乱地放在书桌上，椅子也倒在地上，就是人不见踪影！突然，门后传来一个声音："兄弟，把门关上，我在这儿呢。"小说主人公把头抬起来，突然发现，胖子朋友竟然站在天花板上，就在靠门的那个角落里。而且，胖子的脸上满是愤怒和恐惧。

"朋友，你可要小心点儿，别掉下来摔伤了。"小说主人公说。

"我倒情愿掉下来！"胖子说。

"你那么胖，怎么做这种运动？能告诉我你是怎么做到的吗？"小说主人公问。

突然，小说主人公发现，根本就没有什么力量支撑胖子，胖子是飘在天花板上的，就跟一个气球一样。

胖子努力想离开天花板，可是，无论他怎么用力，就是离不开那儿。好不容易抓到一个相框，但相框并没有拉住他，相反，他却把相框拉过去了，然后又飞到了天花板上。他就这样在天花板上挪来挪

图70 "兄弟，我在这儿呢。"

去，结果把身上弄得全是白粉。

胖子气喘吁吁地说："这个药方简直太管用了！我的体重几乎全没了。"这时，小说主人公才明白是怎么回事。

小说主人公说："朋友，你是要减肥，可不是减轻体重哦。"说着，小说主人公拉住胖子的一只手，把胖子从天花板上拖了下来。

胖子想站在某个地方，可无论他怎么努力就是站不住。小说主人公只好拉住他，就像在大风里拉住船帆一样。

"快，把我塞到那张桌子下面去，那张桌子很重的，不会被我顶起来的。"胖子精疲力竭地说。

于是，小说主人公把胖子朋友塞到了桌子底下，可是，无论胖子怎么努力，就是不能安静下来，在那儿晃来晃去，跟个气球似的。

小说主人公接着说："我必须提醒你一句，你可千万别到房间外面去啊，否则，你就飞到天上，再也回不来了！另外，你可以学着用两只手在天花板上走路，这应该不难，你得适应这一切！"

"可是，我根本没法睡觉啊！"胖子抱怨着说。

小说主人公想了想，在铁床上先绑好一床褥子，然后把床垫也绑在上面，然后把被子的一角系到床边。

小说主人公还找人帮忙抬了一个梯子，架到书橱上，把食物放到上面，好让他够得着。小说主人公很有趣，还想了一个办法，可以帮助胖子从天花板上下来，就是把《大英百科全书》放到书橱的最上一层，只要胖子把书拿到手里，就会被书带到地板上来。

小说主人公在胖子朋友家里待了两天。在这段时间里，他帮助胖子做了一些东西，方便胖子使用，并给他装了传唤

铃，有情况时可以通过它叫人帮忙。

忙完了这一切，小说主人公坐在炉子旁边，胖子努力想把一块儿土耳其地毯钉到天花板上。突然，小说主人公说："我说，我们都白折腾了！只要在你的衣服衬里装一层铅板，不就行了吗！"

听到这儿，胖子才反应过来，高兴地差点儿哭出来。

小说主人公说，"我现在就去买铅板，回来就给你衣服衬里装上，靴子上也装一块，再给你用铅块做一个手提箱，你就可以再也不用生活在天花板上了，还可以到世界各地旅游去，而且，想飞就飞，哈哈。"

这就是这篇幻想小说中的部分情节。乍一看，小说中的情节似乎都合情合理，没有什么破绽。其实，如果我们仔细分析一下的话，还是可以找到一些问题。即便胖子的体重完全消失，也根本不可能飞到天花板上。

根据阿基米德原理，即便胖子的重量完全失去，如果胖子的衣服和口袋里的东西比他身体所排开的空气重，他就不会飞起来，更不可能飞到天花板上。理论上，人体所排开的空气的重量非常非常小，我们可以粗略计算一下：我们人体的密度和水差不多，一般人的平均体重是60千克，也就是说，同体积的水也差不多有60千克，而水的密度大约是空气的770倍，也就是说，人体所排开的空气的重量大约是 $\frac{60}{770}$ 千克，也就是80克左右。就算胖子本身有100千克，他所排开的空气的重量最多也只有130克。胖子身上穿的衣服、鞋子等等加在一起的总重量肯定要超过130克，所以说，胖子根本不可能飞起来，而是仍然停留在地板上。可能会有一些站不稳，但根本不可能飞到天花板上，只有在不穿衣服的时候，才会浮起来。要是穿着衣服，他就会像"跳球"一样，稍微碰一下，就会左摇右晃，甚至会飞起来，过一会儿才会慢慢落下来。

在这本书中，我们谈到了各种各样的永动机。通过分析，我们知道，所有的永动机都是无法实现的。现在，我们再来看另一种永动机，或者我们把它称为"免费"的动力。这种永动机是

永动的钟表

可以实现的，它的动力不是人提供的，而是由外部环境提供的。

我们都见过气压计。其实，气压计有两种：一种是水银气压计，一种是金属气压计。水银气压计里的水银柱会随着气压的变化升高或降低；而金属气压计则是指针式的，随着气压的变化，指针会摆来摆去。

在18世纪的时候，有一位发明家利用了气压计的原理，发明了一种机械装置，也就是一只时钟，它不需要外力就可以走动，而且可以一直走下去。1744年，英国机械师、天文学家弗格森对这个时钟给予了高度评价，他是这样说的："通过仔细观察这只时钟，我发现它是由一个特殊装置的气压计里的水银柱升降来带动的，可以相信，这只钟会一直走下去，即使把气压计拿走，贮藏在时钟里的动力也能保证这只钟走一年的时间。坦白地说，这只时钟是我所见过的机械装置里设计最精巧的，简直太完美了。"

可惜，现在我们不知道这只时钟在哪儿，也不知道它是否还存在于这个世界上。但是，我们找到了这只时钟的设计图，如图71所示。根据这张设计图，我们有可能重新复制它。

从图中可以看出，时钟里有一只大型的水银气压计，盛水银的玻璃壶

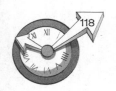

挂在一个架子上，玻璃壶里倒插着一只长颈瓶玻璃壶，它里面的水银共有150千克重。玻璃壶和长颈瓶可以上下移动。当气压变大的时候，时钟里的杠杆就会使长颈瓶向下移动，而玻璃壶则会向上移动。反过来，当气压变小的时候，长颈瓶向上移动，玻璃壶向下移动。随着长颈瓶和玻璃壶的移动，一只小巧的齿轮就会向一个方向转动。如果气压没有任何变化，齿轮就会完全静止不动。可是，一旦齿轮静止不动，上面的重锤就会落下，带动齿轮继续转动。如果气压变动得太快，就会把重锤提上去，那么就需要一个特殊的装置，让重锤升到一定高度之后，自己落下来。这个重锤的设计简直太巧妙了！即便是现代人也是很难想到的。但是，古代的发明家却把这个问题想到而且解决了。

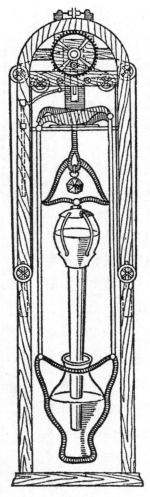

图71 18世纪，"免费时钟"的设计图。

不难看出，类似这种"免费"的动力机械，跟前面提到的所谓"永动机"还是有很大区别的。在"免费"的动力机械里，动力并不是无中生有的，它们的动力来自机械装置的外面。这里的时钟就是从周围的气压得到的动力。但是，不能否认的是，这种"免费"的动力机械跟真正的"永动机"一样，非常经济。只不过，有一点需要说明，就是这种机械装置的制造成本与得到的能量相比，显然不成正比。关于这个问题，我们会在后面讲另一种"免费"的动力机械时，再深入讨论。

Chapter 6
热现象

"十月"铁路夏天长还是冬天长

你听说过"十月"（一条铁路线的名称）铁路吗？你知道它有多长吗？在被问到这个问题时，有人给出了这样的答案："十月铁路的平均长度为640千米，夏天比冬天长300多米。"

这个答案是不是让你也感到意外？其实，这确实是最精确的标准答案。我们知道，铁路都是由钢轨铺设而成的，而钢轨会热胀冷缩，所以在夏天的时候，它的长度确实长一些。随着温度每升高1℃，钢轨平均伸长的长度大概是其本身长度的十万分之一。可别小瞧这十万分之一。在酷热的夏天，钢轨的温度可能达到30℃~40℃，甚至更高。在这样的温度下，如果用手摸钢轨，很可能会把你的手烫伤。而在冬天，钢轨的温度可能会下降到零下25℃左右。这里，我们姑且把夏天和冬天的钢轨温差记为55℃。钢轨的全长是640千米，这样我们就可以非常容易地计算出，钢轨在夏天比冬天长300多米：

$$640 \times 0.00001 \times 55 \times 1000 = 352（米）$$

也就是说，从莫斯科到圣彼得堡之间的十月铁路，夏天比冬天长了300多米。

你可不要以为这两个城市之间的距离变化了，我们说的是钢轨的总长度。这不是一个概念。这也就是为什么钢轨在铺设的时候，在两根钢轨之间一定要留出一定的空隙，就是因为钢轨遇热会膨胀，所以要留出余地。

通过学习数学知识，我们知道，夏天比冬天长出的这300多米是平均分布在钢轨之间的空隙里。所以，我们可以这样说，十月铁路钢轨的总长度，在夏天比冬天长300多米。

我们假设一根钢轨的长度是8米，那在0℃的时候，这个间隙要留出6毫米。这样，在温度达到65℃的时候，间隙正好可以胀满。但是，电车在铺设钢轨的时候，由于受到技术条件的制约，无法留出间隙。多亏电车钢轨一般都是埋在地里，温度的变化不会很大。还有一点，电车钢轨由于在地里，也不会轻易被挤压到弯曲。但是如果天气非常热，电车钢轨还是会胀弯的。如图72所示，这是照着一张照片画出来的一段电车钢轨，明显是弯的。这种现象，有时候也发生在铁路上，尤其是在斜坡上的钢轨，列车巨大的重力和冲击力，经常会带着轮子下面的钢轨向前进，无形中就把钢轨之间的空隙给带没了，有时候甚至连枕木也带着向前动，所以就使得两根钢轨接起来了。

图72　电车轨道变弯了。

没有受到惩罚的盗窃

每年一到冬天，莫斯科到圣彼得堡间都要丢几百米的电话线。大家都知道这是谁干的，但是这个"偷"电话线的家伙却并没有受到任何惩罚，这是为什么呢？其实，在前面一节里，我们已经提到过这个家伙，它就是寒冷的冬天！前面我们说过，在寒冷的冬天，铁路的钢轨会收缩，电话线也是一样。只不过，因为电话线是铜芯的，它对天气变化更敏感，热胀冷缩的程度比钢轨大，大约是钢轨的1.5倍。电话线跟钢轨还有一个不同点，就是不能留出空隙，否则电话就不通了。根据刚才提到的比例关系，我们可以说，莫斯科到圣彼得堡间的电话线，冬天大概比夏天短500米。也就是说，寒冷的冬天"偷"走了500米的电话线。虽然电话线在冬天被"偷"走了这么多，但并没有影响两地之间的正常通信。到了夏天，或天气暖和的时候，这些被"偷"掉的电话线又会被还回来。

说到这里，我们不得不提一个真实的案例。在巴黎市有一座桥，叫塞纳河桥，是一座铁架桥。1927年12月，连续几天的天气都特别寒冷，铁架收缩特别严重，桥受到了严重的破坏，桥上铺的砖石都碎裂了，桥也没法通行了。所以，如果没有充分考虑热胀冷缩的影响，会造成非常严重的后果。

埃菲尔铁塔有多高

埃菲尔铁塔有多高？如果我这么问你，你可能会说"300米"。可是，它真的是300米高吗？不管是冬天还是夏天？

我们知道，铁会热胀冷缩。也就是说，埃菲尔铁塔在冬天和夏天的高度肯定是不一样的。下面我们就来计算一下。100米长的铁杆，温度每升高1℃，增加的长度是1毫米。埃菲尔铁塔有300米高，所以增加的高度就是3毫米。我们假设埃菲尔铁塔在夏天时的温度是40℃，冬天至少也要零度以下，我们就按0℃计算，这个温差就是40℃。也就是说，在一年当中，埃菲尔铁塔最高和最矮时候的高度差是120毫米，也就是12厘米。

其实，这只是我们计算的结果。实际上，埃菲尔铁塔对温度的变化非常敏感，比我们感觉的天气变化敏感多了。在下雨或阴天的时候，天气会变凉，当我们感觉冷的时候，它早就已经有所反应了，也就是高度变矮。当太阳出来，我们还没有觉得暖和的时候，它也早就变高了。所以，埃菲尔铁塔的高度变化，我们并不能感觉得到。另外，埃菲尔铁塔的高度是用镍钢丝测量的，因为镍钢丝不会因温度变化而热胀冷缩。

现在，我们知道了，埃菲尔铁塔在夏天会比冬天高12厘米左右。当然了，虽然它高出了这么多，但是高出来的这一部分却卖不了钱。

从茶杯到玻璃管液位计

当我们往玻璃杯里倒滚烫的茶水的时候，有时候会把杯子炸裂。所以，有人发明了一个好方法，就是在倒水之前，先在杯子里放一个银勺子，这样再往里倒水的时候，就不会把杯子烫破了。这是为什么呢？首先，我们来说一说，为什么往玻璃杯里倒热水的时候，会把杯子炸裂。

这是因为，玻璃在受热的时候，各部分膨胀的时间不一样，或者说，杯子里外膨胀的时间不一样，不是同时膨胀的。往里面倒热水的时候，杯子的内壁瞬间被烫热了，但是由于热传导有一个过程，杯子的外面还是凉的。内壁受热之后就会膨胀，而外壁还比较凉，还没来得及膨胀，所以内壁就会挤压外壁，就把外壁撑破了。

有人会说，如果玻璃杯比较厚，是不是就不会那么容易破了。其实不然，跟薄的玻璃杯比起来，厚玻璃杯更容易破。这是因为，厚玻璃杯在倒入热水的时候，内壁迅速受热膨胀，热量传到外壁的时间要长一些，所以更不容易让外壁跟着一起膨胀。而薄的杯子就不一样了，热能迅速传到外壁，使外壁也能迅速膨胀，所以薄玻璃杯反而不容易烫裂。

我们在选购茶杯的时候，或者选购别的需要往里面倒热水的玻璃制品的时候，一定要记住，要选那些杯壁薄的，而且最好底部也要薄。这是因为，我们在往杯子里倒热水的时候，一般都是杯子的底部先接触热水，也就是说，杯子的底部是最热的部分。如果你选的杯子杯壁很薄，但底部很厚，还是很容易就会烫破的。瓷器也一样，所以选购的时候一定要注意。

现在，我们知道了越薄的玻璃制品或瓷器越不容易烫破。所以，化学家在做化学实验的时候，经常用到的试管就非常薄，这样在做实验的时候，即使放到火上加热，也不怕它被烫破。

其实，玻璃薄一些，只是不容易烫破，并不是说它一定不会烫破，因为玻璃的特性决定了它对热胀冷缩比较敏感。但是有一种材料就安全多了，它就是石英。它的热胀冷缩程度只有玻璃的 $\frac{1}{15}$ 至 $\frac{1}{20}$。也就是说，这种材料导热特别快。即使用这种材料造的器皿壁比较厚，也不容易烫破。更夸张的是，即便你把石英做成的器皿烧得浑身通红，立刻扔到冷水里，它也不会炸裂。

前面我们说过，如果往玻璃杯里倒热水，有可能会把杯子烫破。其实，如果把盛热水的玻璃杯从比较暖和的地方迅速拿到比较冷的地方，也容易冻破。这是因为，玻璃杯在所处的环境迅速发生变化的时候，由于热胀冷缩，不同的位置受到的压力并不相等。玻璃杯外壁受冷会收缩，强大的压力压向内壁，而内壁还没有收缩，所以会被外壁压破。所以，盛有滚热食物或液体的玻璃罐，一定不要立刻拿到温度很低的环境里去。

现在，我们再来说一说前面提到的银勺子的事情。为什么放一个银勺子就不会把玻璃杯烫破了呢？

前面我们说过，如果往杯子里倒入热水，玻璃杯就会比较容易烫破。但如果倒入的是温水，就不会。我们事先在杯子里放入一个勺子，就是利用这一原理。金属制品的导热性要比玻璃好得多，在往杯子里倒热水的时候，热水的温度会迅速传到勺子上，也就是说，因为热量传导到勺子上，让水的温度降低了一些。因此，玻璃杯就不会迅速受热，它的外壁就不会受到挤压，杯子也就不容易烫破了。

所以我们事先在杯子里放一个勺子，就是为了缓和杯子的受热不均，

防止杯子烫破的。而且，勺子越大，杯子越不容易烫破。当然了，最好是金属勺子。

那么，我们为什么要强调是银勺子呢？银勺子就会更好一些吗？确实是这样的，银是非常好的热导体，比不锈钢的导热性强得多。如果你试过这种方法，你一定感受过放在开水里的银勺子非常烫手，而如果勺子是不锈钢的，根本感觉不到烫，顶多就是有点儿热而已。

靴子的故事

我们都知道，夏天的时候，白天比晚上长，到了冬天，晚上又会比白天长。这是为什么呢？和任何物体一样，这也是因为热胀冷缩，晚上时间长，是因为我们烧火使得空气暖了，所以晚上膨胀了。

我相信，你看了这段话，一定觉得特别好笑。这种说法来自契诃夫的一篇小说《顿河退伍的士兵》，小说中对白天晚上的长短这么解释。我们都知道，根本不是这样的！其实，我们也经常闹这样的笑话。比如，我们经常听到有人说，洗过热水澡后，由于脚受热膨胀，脚的体积变大了，穿不进靴子了。这种现象确实真实存在，但真的是这么解释的吗？这种解释合理吗？

需要强调的是，我们在洗热水澡的时候，我们的身体温度上升的并不多，或者说根本没有升高，顶多也就是1℃～2℃的样子。这是由我们的身体机能决定的，使得我们的身体能迅速适应周围环境的变化，使体温保持基本不变。

即便我们在洗澡的时候，体温上升了1℃～2℃，身体体积的增大也很少，根本察觉不到，脚增大的体积就更小了，穿靴子的时候根本不可能感受那么明显。据测算，人体各部分的膨胀系数不到千分之一，所以人的脚最多也胀长不到1毫米。而我们的靴子还不可能做得这么精确，对于零点几毫米会那么敏感地感受到。

不过，洗完澡之后，确实会有穿不进靴子的情况发生，那么这究竟是为什么呢？这是因为，我们在洗澡的时候，由于水温较高，会使得我们的脚上的血液循环加快，脚就会充血，有时候脚的外皮甚至会肿起来，所以显得脚大了，而不是因为热胀冷缩。

奇迹是怎样创造出来的

在古希腊，曾经有一位机械师叫西罗，他发明了一个喷泉，用来帮助埃及的祭司欺骗人们，并告诉人们这是神仙显灵。

如图73所示，这是一个用空心的金属制作的祭坛，安放在一个庙宇的外面。在祭坛下面的地下室里装有一个机关，通过它可以打开庙宇的大门。在祭坛里烧火的时候，它下面的空气就会受热膨胀，对地下

图73　帮助埃及祭司骗人的祭坛。

室瓶子里的水施加压力，把瓶子里的水压到旁边的一根管子里，水再从管子流到旁边的桶里，桶里装上水之后，由于重力增加，会落到下面的一个机关上，从而带动传送装置，如图74所示，这个传送装置就会把庙宇的大门打开。

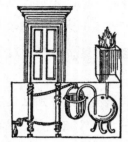

图74　庙宇大门的传送装置。当祭坛里烧起火时，大门就会自动打开。

还有一个骗人的伎俩，也是祭司想出来的，如图75所示。在祭坛上烧火的时候，受热膨胀的空气还会把压力传递到它下面的油箱里，把油箱里的油压到旁边那两个祭司像里面的管子里去，这些油又会顺着管子流到火上，把火浇旺。如果祭司不想让火烧得更旺，就会把其中的管子拔掉，油也就流不到火上了。祭司就是通过这种办法来吓唬那些来祷告的"吝啬鬼"的。

图75　另一种骗人的伎俩，让油自动流到祭火上去。

不用上发条的钟表

前面我们提到过一种钟表，不需要人给它动力，它就能自己走下去。那个钟表是利用了大气压力的改变，给它提供动能。在本节，我们再来看另外一种钟表，它也不需要上发条，就可以走动。它是利用热胀冷缩的原理制造的。

如 图76 所示，这就是钟表的结构图。它主要由两根长杆Z_1和Z_2构成，长杆都是由特殊合金材料制成的，这种材料的膨胀系数比较大。Z_1杆连在齿轮X上，Z_2杆连在齿轮Y上。当它们受热或受冷的时候，就会伸长或缩短，Z_1杆就会带动齿轮X转动，Z_2杆则会带动齿轮Y转动。齿轮X和齿轮Y装在同一根转动轴上。当齿轮X和齿轮Y转动的时候，会带动外面的大轮子转动。在大轮子上装着一些勺子，随着轮子的转动，勺子就会从下面的水银槽里舀水银上来，装着水银的勺子就会跟着轮子转动，这样水银就会顺着槽R_2流到左边的轮子上，从而带动左边的轮子转动，通过链条带动时钟的弹簧运动。

水银从左边轮子上流下来后，会流到槽R_1里，顺着槽R_1流回到右边的

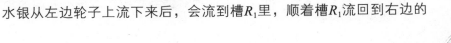

图76 不用上发条的时钟。

大轮子下面。然后再被勺子带到上面的槽R_2里去。

也就是说，只要Z_1和Z_2两根长杆的长度会变化，就会带动齿轮转动，这个钟表就不会停下来。所以，只要这只钟表所处的环境温度一直在变化，这只钟表就会一直走下去。实际上，确实如此，我们根本不用担心它会不会走。把钟表放到任何一个温度变化的环境里，长杆Z_1和Z_2都会伸长或缩短，钟表根本不用上发条就可以走动。

那么，这种钟表是不是可以称为"永动机"呢？当然不是。虽然这只钟表会一直走下去，直到里面的某个构件损坏为止。但是，它并不是没有动力，它的动力是周围空气的热量，这是周围空气温度变化，通过热胀冷缩做功，使得这只钟表转动的。所以，我们可以说，通过"免费"的动力做功，这只钟表可以不停地走下去。但是，这里"免费"的动力并不是无中生有，而是来自太阳的能量。是不是很划算？

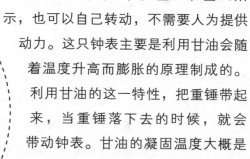

图77 利用甘油制动的不用上发条的时钟。

还有一种钟表，如图77和图78所示，也可以自己转动，不需要人为提供动力。这只钟表主要是利用甘油会随着温度升高而膨胀的原理制成的。利用甘油的这一特性，把重锤带起来，当重锤落下去的时候，就会带动钟表。甘油的凝固温度大概是零下30℃，在290℃才会沸腾。所以这种时钟经常用在广场或开阔的地方，

图78 底座装有甘油管的不用上发条的时钟。

甘油管

重锤

只要周围的温度变化达到2℃，这只钟表就会走动。曾经有人做过一个实验，在没有人碰的情况下，这只钟表走了一年，时间一直都比较精确。

说到这里，有人肯定会想，我们是不是可以根据这个原理，制造一个非常大的动力机械呢？因为这种动力是"免费"的，太划算了。其实不然，有人计算过，要想让这样一只钟表的发条上紧，走一个白天加一个晚上，需要的功率大概是：$\frac{1}{7}×9.8$焦，大约需要$\frac{1}{6×105}×9.8$焦／秒。

我们知道，1马力等于735瓦，也就是说，这只钟表的功率大约等于一马力的四千五百万分之一。所以，如果我们把前面那只钟表的两根长杆或者第二只钟表的构件算1分钱的话，那么如果让这种发动机发出735瓦的功率，需要1分×45000000＝450000元。什么意思呢？就是说，1马力的这种发动机需要花费将近50万元，这对于"免费"的动力来说，是不是太贵了？

香烟能教会我们什么

如图79所示，在火柴盒上放着一支点燃的香烟，从香烟的两端有烟冒出来，如果仔细观察，你会发现，从烟嘴冒出来的烟是向下走的，而从烟头的一端冒出来的烟是向上走的。这是为什么呢？它们不是从一支香烟里冒出来的吗？

是的，从两端冒出来的烟都是从一支香烟里冒出来的。但是烟头那一端的空气被烧热了，所以形成了上升的气流，使得烟向上冒。而从烟嘴冒

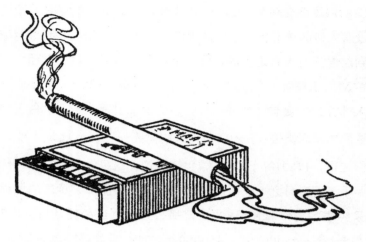

图79 两端冒烟的香烟，一端的烟向上走，另一端的烟向下走。

出来的烟和空气，因为已经冷了，又加上烟粒比空气重，所以烟就不会向上走，而是向下走。

在开水中不会融化的冰块

如图80所示，把一块冰放到一个装满水的试管里。我们知道，冰块比水轻，所以会浮到水的上面。这时，我们可以用一枚硬币，或者别的比水重的东西，把冰块压到试管的底部。现在，我们把试管的上端放到酒精灯上烧，一直烧到水沸腾起来，并冒出气泡和蒸汽。这时，再观察冰块，我们会惊奇地发现，冰块并没有融化，这是在表演魔术吗？为什么会这样呢？

事实上，这不是魔术，而且人人都可以做到。这是因为，试管底部的水并没有沸腾，甚至还是凉的。所以，确切地说，冰块不是在沸水里，而是在沸水的底部。水在受热的时候会变轻，所以沸腾的水会向上流动，而不会向下流动。也就是说，沸腾的水只在试管的上端流动，并没有流到冰块所在的试管底部。在试管上端受热的时候，下面的水只能靠水的导热作用受热，而水的导热度很小。这也是我们在用热水壶烧水的时候，加热的是热水壶下面而不是上面的原因。

图80　在试管中，上端的水已经沸腾，但是下端的冰块却没有融化。

放在冰上还是放在冰下

前面我们知道了，在烧水的时候，一定要把水壶放在火的上面，不能放在火的旁边。因为烧热后的水比较轻，会向上流动，水壶底部的水烧热的时候，上面的水才会热。

所以，烧水的时候，要把水壶放到火的上面，才能充分利用火焰的热量。

反过来，如果我们想用冰块来冷却水呢？是不是也是把冰块放到热水的下面，这样才冷却得快？很多人都这么认为，那么真的是这样的吗？比如说，我们想把热牛奶冷一下，把装着热牛奶的杯子放在冰块的上面。其

实，这样并不能实现让热牛奶快速冷却的愿望。这是因为，冰块上面的空气冷却之后，会向下走，杯子周围的热空气就会迅速占领刚才冷空气的位置，这样的话，上面的热牛奶并不能迅速冷却。所以，正确的方法是，把冰块放在热牛奶的上面，而不是放在下面，才能让牛奶快速冷却下来。

刚才说了，把热牛奶放在冰块的上面，冷却的只是牛奶的下面一点点，上面的牛奶并没有冷却，因为冷却的空气向下走了，上面的牛奶周围没有冷却的空气，所以上面的牛奶仍然是热的。把热牛奶放到冰块的下面，热牛奶的热气流上升，碰到冰块就会迅速冷却，上面的温度降低了，底下的热牛奶就会升上去。同时，刚才的冷气流向下流动，也会把下面的牛奶冷却（一般情况下，冷却后达到的最低温度是4℃，而不是0℃。实际上我们也不需要非得冷却到0℃）。

为什么窗子关上了，还是有风吹进来

我们经常会疑惑这样一件事，屋子里的窗户都关上了，而且关得很严，但是还是会觉得有风吹进来，却不知道是什么原因。实际上，这并不奇怪，也不值得大惊小怪。

不管是什么样的房间，只要有空气，空气就会流动，也就是说，房间里有我们看不见的空气流。这是因为房间的温度并不是恒定不变的，总会上下波动，这时房间里的空气流就会受热或冷却。受热的时候，空气就会变得稀薄，并且变得轻一些；在相反的情况下，就会变得比较重。房间里如果有电灯，或者烧热水的时候，都可能引起周围的空气变热，形成热气流，热气流受到冷的空气流的挤压就会上升到天花板；而靠近窗户或墙壁的冷空气就会向下流动。

其实，我们还可以通过小孩子玩的气球来观察这一现象。找一个气球，在它下面系一个小物件，让气球能悬浮在空中，而不是升到天花板上。现在，把气球放到火炉旁边，由于火炉比较热，气球就会受到肉眼看不见的热空气流的作用，它就会在房间里飘来飘去，最终飘到窗户旁边，并落到地板上，然后又从地板上移动到火炉旁边，继续沿着刚才的运动轨迹或飘浮，或落地。

所以，即使房间的窗户都关着，外面的风也没有吹进来，我们仍然能感受到有风吹进来，特别是在脚旁边，感受更明显。

神秘的风轮

现在，我们来做一个好玩的东西。找一张纸，把它剪成长方形，沿着它的横竖中间分别对折一下，然后再展开，那么，两条折痕的交叉点就是这张纸的中心。再找一根针，把刚才的纸片的中心插到针尖上，把针竖立在桌子上。

由于针尖是顶在纸片的中心的，所以纸片在针尖上会保持平衡。这时，如果稍微有一点儿微风，纸片就会转动。

如 图81 所示，如果我们按照图上的样子，把手放到纸片边上，注意手的动作一定要轻，不要因为

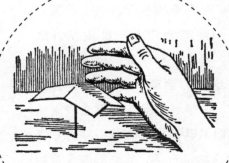

图81 为什么把手靠近纸片，纸片会转动起来？

135

手移动带起的风把纸片从针尖上吹下来。这时，我们会发现一个奇怪的现象，纸片转动起来了，而且越转越快。如果这时我们把手拿开，纸片就会立刻停止转动；如果再把手靠近纸片，它又转动起来。

这个纸片为什么这么神奇？难道我们有超能力吗？很久以前，在谜底没有揭开之前，就有人曾这样说过，并利用这种所谓的"超能力"欺骗那些不知所以然的人。特别是那些信奉神秘教的人，认为这是人体发出了一种神秘的力量。实际上，这个纸片之所以会转动是有科学解释的。原因很简单，我们把手靠近纸片的时候，手下面的空气被手温暖了，空气就会上升，碰到纸片，就会带动纸片转动。同样的道理，如果我们把纸条卷一下，放到台灯上方，纸条也会转动，因为折过的纸条有折痕，有一定的倾斜角度。

如果观察再仔细一些，我们还可以发现，这张纸片的转动方向是不变的，都是从手腕向手指的方向转动。为什么会这样呢？道理也很简单，因为我们的手掌比手指热一些，会对周围的空气产生比较大的作用，使手腕旁边的空气流强度大一些，给纸片的力量也就大一些。

皮袄能够温暖我们吗

在寒冷的冬天，为了保暖，我们经常会穿上一件皮袄什么的。那么，如果我们说皮袄并没有给我们温暖，你可能不会相信，并感到纳闷：如果它没有给我们温暖，为什么我们穿上它之后就感到不冷了？我们可以通过一些实验来验证一下，它到底有没有给我们温暖。找一个温度计，记下它的读数，然后把这个温度计放到皮袄里，并把皮袄裹起来。过个几小时，把温度计拿出来，再来读上面的读数，我们会发现，温度计上的读数没有半点儿变化，原来是多少度，现在的温度还是多少度。

即便实验证实了皮袄不能给我们温暖的事实，你可能仍然不相信这是真的，但事实就是事实，不容任何人置疑。皮袄确实给不了我们温暖，更不能给我们热量。我们的温暖来自电灯、火炉和身体本身，这些东西才是热源。皮袄并不会给我们温暖，它不是热源，并不能把热量给我们。皮袄的作用是为了阻止我们身体上的热量跑出去。只要是温血动物，本身都是一个热源，穿上皮袄的时候，能把热量保存在体内，从而感到温暖。在刚才的实验中，温度计本身并不是热源，它不产生热，所以即便在皮袄里待上几个月甚至几年的时间，都不可能发生读数的改变。有时候，我们还把皮袄的这一特性利用在保存冰块上，它可以让冰块一直保持低温，皮袄在这里的作用是为了阻止外面的热空气跑到里面的冰块上。

其实，不光是皮袄有这一特性，冬天下的雪也具有这一特性，它能使它下面的土地保持温度。这是因为，和其他的粉末状物体一样，雪花也是热的不良导体，所以可以阻止热量的传递。如果我们用温度计来测量雪下面的土地和没有被雪覆盖的土地，它们的温度差可能有10℃，甚至更多。农民朋友们都知道这个道理。

说到这里，我想你已经弄清楚了刚开始的问题，也解开了心中的疑惑。我们再来归纳一下：皮袄并不能给我们温暖，是我们自己的身体给自己温暖，皮袄只是阻挡了我们身体的热量向外传递。

我们的脚下是什么季节

关于这个问题，我们可能根本就没有思考过。那么，现在如果问你："在夏天的时候，地面以下3米的地方会是什么季节？"你会怎么回答？

你可能会说，也是夏天。其实，这个答案是不对的。地面以上和地面以下的季节是不同的，根本不像我们想当然认为的那样。这是因为，我们脚下的土地，或者说土壤，是热的不良导体。即便是在最严寒的冬天，埋在地底下的自来水管也不会冻坏，也不会被冻住。当地面以上发生季节变换的时候，地面以下要很久才感觉得到。越到深的地方，感受到的时间越晚。我们可以举个例子，可以让你感受更深刻。我们曾在俄罗斯的斯卢茨克做过一个实验。在地下3米的地方，在天气最温暖的时候，要比地面以上最温暖的时候延迟76天，最冷的时间则更长，延迟长达108天。也就是说，如果地面以上在7月25日最热的话，地面以下3米的地方，要到10月9日才达到最热；而如果地面以上最冷的时候是1月15日，地下要到5月份才感觉最冷。在地下更深的地方，这个延迟时间更长。

越到地下更深的地方，不但温度变化在时间上会有延迟，温度的变化也会越来越弱，到了一定的深度之后，温度几乎就不怎么变化了。在这个深度上，每天都是同样的温度，永远固定不变。在巴黎天文台，有一个地窖，在地窖28米深的位置放着一只温度计，这只温度计的读数从来没有变过，一直在11.7℃保持固定不变，而且已经保持几百年了。据说，这只温度计是大科学家拉瓦锡放在那儿的。

也就是说，在我们脚下的土壤，和我们感觉到的季节是不同步的。当我们进入冬天的时候，地下3米深的地方可能还是秋天，而且温度变化很缓慢，而我们进入夏天的时候，那儿可能还是严寒的冬天。

了解了土壤的这一特性，对于我们研究生活在地下的生物来说非常重要。比如说，在地下，树木的根部细胞繁殖一般发生在天冷的时候，而在温暖的季节里，它们几乎停止活动，这一点正好跟地面以上的部分相反。现在，我们知道土壤的特性就是这样，所以对这一现象就不会觉得奇怪了。

用纸锅煮鸡蛋的秘密

如图82所示，我们做了一个纸锅，而且放了一个鸡蛋在锅里煮，你一定觉得这是不可能实现的，火会把纸烧掉。其实不然，这个纸锅根本不会烧坏，你也可以做一个这样的锅来实验一下。

这是因为，纸锅没有盖子，是开着的，在这样的容器里，水只能煮到100℃，也就是沸腾的温度，锅里的水吸收了烧到纸上的热量，阻止了纸的温度超过100℃。这个温度，正好阻止了纸的燃烧。所以即便火焰一直烤着纸，它并没有燃烧起来。如果用小纸

图82 用纸锅煮鸡蛋。

盒做这个实验，效果更好，如 图83 所示。

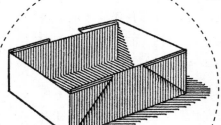

图83　烧开水的小纸盒。

我们经常听到有人说，烧水的时候忘了往水壶里加水，结果把水壶烧得都熔化掉了。这是因为，水壶的底部一般是用焊锡焊接的，而焊锡的熔点很低，非常容易熔化，而如果水壶里面装了水，就不会发生这样的事故。所以我们说，如果是用焊锡焊接的水壶烧水，一定不能将空壶放到火上。有一种机关枪，也是利用水来防止枪筒熔化的。

我们还可以进一步做这个实验。把一块锡块放到一开始的纸锅里，让火焰正好放在纸锅里的锡块正下方。因为锡块的导热性特别好，火焰的热量会很快被锡块吸收。这样，纸的温度就不会上升得很快，所以锡块熔化了，纸锅也不会被烧着。

图84　没有烧掉的纸条。

我们再来做下面一个实验。如 图84 所示，在一个粗的螺丝钉或一根铜杆上紧紧裹一层纸，然后把裹了纸条的螺丝钉或铜杆放到火上烧。过一会儿，我们会发现，螺丝钉或铜杆都被烧红了，它上面的纸并没有烧掉，还是紧紧裹在上面。同样的道理，这是因为螺丝钉或铜杆都是金属的，而这些金属的导热性比较好。如果我们用玻璃或者其他导热性小的物体代替这些螺丝钉，纸就会很快烧着。

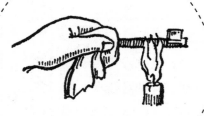

图85　不会烧着的棉绳。

如 图85 所示，我们也可以把棉绳绑在一把钥匙上，实验结果也是一样的，棉绳并不会被烧着。

为什么冰是滑的

我们都知道，如果地板擦得比较干净，就会比不擦的时候容易滑倒。那么，如果是在冰上呢？是不是也会这样？平滑的冰面比凹凸不平的冰面更容易滑倒吗？

实际上，这个推论并不成立。如果我们用雪橇在冰面上运输货物，在凹凸不平的冰面上比在平滑的冰面上更省力气。也就是说，凹凸不平的冰面要比平滑的冰面更光滑。其实，这个现象可以这样解释：冰面的光滑不是由它是否平滑决定的。这是因为，当冰面上的压强增大的时候，就会降低冰的熔点。

那么，我们在冰面上溜冰或者坐雪橇滑行时，会出现怎样的情形呢？尤其是穿溜冰鞋溜冰的时候，我们身体的全部支撑都在溜冰鞋下面的冰刀上。而我们都知道，冰刀的面积很小，特别是冰刀的刀刃，也就是几平方毫米的面积，我们整个身体的重量就压在那么小的面积上。前面我们已经分析过，在压力相等的情况下，接触面积越小，压强越大。所以我们可以想象，我们的身体对冰面的压强有多大！在这么大的压强下，冰面的熔点至少可以提高5℃，也就是说，如果这时冰面的温度是零下5℃，那么如果穿溜冰鞋在上面溜冰，冰刀下面的冰面熔点可能会降低到0℃以上，也就是说，这部分冰可能会融化。这样的话，在刀刃和冰面之间的冰瞬间融化掉了，也就是说刀刃和冰面之间有了一层水，这就使得溜冰的人滑动特别省力。而且，只要是冰刀经过的地方，都有了一层水，所以，在滑冰的时

候，动作就会非常连贯。这是冰独有的特性，别的物体都没有这个特性。所以，曾经有一位物理学家认为，只有冰才是这个世界上最滑的物体。从某种意义上来说，这种说法是非常准确的。其实，理论上讲，当每平方厘米上的压力达到130千克的时候，冰的熔点就会降低1℃，这里的冰指的是纯粹的冰块。如果冰融化时和水混合在一起，受到的压强一样大，这时，冰的熔点会降低得更多。

刚才我们已经分析过，如果把一个重物放到冰面上，那么它与冰面的接触面积越小，冰面受到的压强就越大。我们还说过，凹凸不平的冰面比平滑的冰面更光滑。下面我们就来分析一下原因。我们在凹凸不平的冰面上滑冰的时候，由于冰面不平，我们的冰刀刀刃和冰面的接触点可能只有几个凸起的点，而在平滑的冰面上滑冰时，冰刀刀刃和冰面完全接触，接触面积大多了。所以，根据前面关于压强的结论，我们可以很容易得出，凹凸不平的冰面比平滑的冰面所受的压强大多了。前面我们说过，冰面受到的压强越大，熔点降低得越多，所以，在凹凸不平的冰面上，冰融化得更快，冰面也就会更滑。

根据这一原理，我们可以解释生活中的很多现象。比如说，当我们把两块冰压到一起的时候，它们很快就会变成一块儿大冰块。小孩子们在玩雪的时候，经常会做的一个游戏是打雪仗，把雪捏在一起，它们就会变成一个雪球，也是利用了这个原理。因为，雪花在受到手的挤压的时候，熔点降低，有一部分雪就会融化，松手的时候，这部分融化的雪水就会立即再冻结起来，本来松散的雪就会形成一个雪球。同样的道理，滚雪球的时候，也是一样。在地上滚动的雪球是有重量的，这就会对它下面的雪进行挤压，这些被挤压的雪就会融化，它们就会沾到雪球上并随着雪球的滚动迅速冻结，于是，雪球越滚越大。说到这里，我们还可以更深入思考一下，为什么在特别寒冷的天气，雪球很难捏成，滚雪球也很难滚得很大。还有，人行道和路上的雪，由于受到了人或车的重压，已经不再是雪花了，而是变成了厚厚的一层冰。

关于冰柱的问题

冬天，我们经常见到从屋檐上垂下的冰柱。你知道这些冰柱是怎么形成的吗？我们都知道，夏天是见不到这些冰柱的，只有在冬天才见得到。温度在0℃以上的时候，水是根本不可能形成冰柱的，只有温度达到0℃以下才能形成冰柱。但是，即便温度达到0℃以下了，如果屋子里面没有生火，屋顶上又怎么会有水呢？

归纳一下，要想形成冰柱，必须同时具备两个条件：一个是0℃以上的温度，这时积雪融化；一个是0℃以下的温度，这时雪水结冰。

事实正是如此。积雪会融化，是因为太阳或别的什么原因使它的温度达到了0℃以上，又加上屋顶是有一定角度的，所以，融化后的雪水就会流到屋檐的位置，到了这儿，温度又达到0℃以下，所以雪水便很快结冰，形成了冰柱。

前面我们提到过，在不生火的屋子，屋檐上经常会看到冰柱。下面，我们就来详细分析一下冰柱的形成过程。在讨论之前，我们先了解一个常识，就是太阳光线在照射时太阳提供的热量，与光线跟被照射面之间夹角的正弦值成正比。如图86所示，也就是说，如果太阳光线按照图示的角度照射，那么屋顶上的积雪得到的热量与地面积雪得到热量之比是$\dfrac{sin60°}{sin30°}$，约为2.5倍。

图86 倾斜的太阳光把屋顶上的积雪晒得比地面积雪更热。图中的60°表示的是太阳光线跟它的照射平面所成的角度。

回到正题。我们假设这一天天气晴朗，太阳非常好，温度大概在零下2℃到零上1℃之间。太阳光照在大地上，也照在屋顶上。由于太阳光线提供的热量跟照射角度有关，所以地面上的积雪并没有融化，但屋顶与太阳光线几乎成直角，所以得到的热量比较多，积雪开始慢慢融化，融化后的雪水就会顺着屋顶向下流，然后流到了屋檐的位置。屋檐下面由于温度还比较低，在0℃以下，所以雪水一滴一滴流下来的时候就会凝结成冰，形成一个一个的小冰球。随着时间的推移，就会形成越来越多的小冰球，这些小冰球就会凝结在一起，形成冰柱，并挂在屋檐下面。

利用这一原理，我们还可以解释很多其他的现象。我们知道，不同的气候带，以及一年四季的温度变化，其中一个重要的原因就是太阳光线照射的角度不同引起的。还有一个重要原因是太阳照射的时间有长有短。其实，这两个影响温度变化的因素，都是由于地球在围绕太阳公转的时候会形成一个轨道面，而地轴相对于这个轨道面是倾斜的。不论是冬天还是夏天，太阳离我们的距离都差不多，由于地球离太阳非常远，我们假设太阳距离两极和赤道的距离也基本相同。那么，太阳光线照射到赤道的角度几乎是直角，而照到两极的角度几乎为零。而且，在夏天的时候，太阳光线照射赤道的时间也会比较长，所以就会引起白天气温的变化。换句话说，自然界的很多变化都是由于太阳光线照射的角度不同引起的。

Chapter 7
光线

被捉住的影子

影子啊影子，
有谁没被你追上？
又有谁没追上你？
但是，黑色的影子啊，
谁也无法捕捉到你！

这是俄国诗人涅科拉索夫创作的一首关于影子的诗。

是的，我们不可能捉到我们自己的影子，但是我们的祖先却利用影子，画出了自己的"影像"。

图87所表现的就是古人画影像的方法。为了使影子的轮廓比较明显，被画像的人通常需要不停地变换角度和位置，然后画像的人把他的轮廓勾画出来。画好影子的轮廓以后，涂上墨水，剪下来贴到白纸上，这个人的影像就画好了。

图87 古人画影像的方法。

如 图88 所示，如果需要，还可以用放大尺把影像的尺寸缩小。

图88　成比例缩小影像。

你可能会想，这样画出来的影像顶多就是个轮廓，不可能画出这个人的相貌特点。其实不然，有的人可以把影像画得非常好，跟本身的相貌非常像。

不得不承认，通过这种方法来画影像，非常简单，而且画出来的影像还可以跟本身的相貌非常相像，所以引起了人们的浓厚兴趣。后来，人们还把这种方法引申到风景画等，并逐渐形成了一个画派。如 图89 所示，这是席勒的影像。

我们这里反复提到了"影像"，这个词不是我们随意编造的，它来源于法文 *silho*（西路艾特）。在18世纪中期以前，这个字还是一个人的姓，这个人就是当时的法国财政大臣，他叫埃奇言纳·德·西路艾特。

图89　这是席勒的影像（绘于1790年）。

当时，他看到那些达官贵族把大量的金钱花在了画像上，便责备他们不懂得节俭，并号召全体国民不要浪费。这时，便有人开玩笑地把便宜的"影像"称为西路艾特式，借机取笑这位财政大臣，后来，这个词便逐渐固定下来。

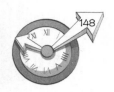

鸡蛋里的小鸡雏

小时候，我们都曾经利用影子的这一特性来做游戏。比如，通过弯曲手指，可以在墙上或地上印出一个动物的形状。这里，我们利用影子来做一个实验。拿一张纸，用油把它浸湿，找一个硬纸板，在中间挖一个方孔，把刚才的纸黏在方孔上，这样我们就做成了一个幕布。然后，我们在这个幕布的后面放两盏灯，先把一盏灯点起，然后在灯和幕布之间放一个椭圆形的小纸片，那么在幕布前面观看的人就会看到幕布上出现了一个鸡蛋的影像。这时，我们可以对观看的人说："下面，我们将开启X射线透视机，看看鸡蛋内部是什么？"然后把另一盏灯也点起，这时，我们就会看到，鸡蛋的边上变得明亮了许多，而鸡蛋的内部却暗淡了下去，并且有一个小鸡雏的影像，如图90所示。

图90　X射线透视魔术。

其实，这只是一个魔术。说穿了，就是我们事先在第二盏灯的前面，放了一个小鸡雏的纸片，这样，在点亮这盏灯的时候，这个纸片的影像就会投到幕布上。只不过，我们需要提前把角度调整好，让小鸡雏的影像正好跟椭圆形纸片的影像重合。另外，鸡蛋影像的周边之所以会变得比较明亮，是因为小鸡雏的周围被第二盏灯照亮了，重合到鸡蛋的影像上，我们看到的是鸡蛋的外面比中间亮一些。站在幕布前面的人，并不知道其中的缘由，如果对物理学和解剖学知识不是很了解的话，就会以为真的有X射线透过了鸡蛋，所以看到了小鸡雏的影像。

搞怪照片

很多人都知道，利用照相机可以照相，但是如果不用玻璃镜头，照相机还能照出照片来吗？答案是肯定的。没有玻璃镜头，一样可以照出照片，只不过这样照出来的照片不是很清晰。我们可以通过一个实验，看看是不是真的。我们先做一个窄缝镜箱，用两条窄缝来代替照相机上的小圆孔。通过这个镜箱，我们可以看到非常有趣的影像。在镜箱的前面有两个有窄缝的活动纸板，一个上面的窄缝是竖直的，另一个是水平的。如果把这两个纸板叠到一起，就会只有中间一个小孔。通过这个小孔，我们可以得到正常的影像，但是如果把两个纸板移开一

图91　用窄缝镜箱拍出搞怪照片。

图92　不同方向的搞怪照片。

些，虽然也可以看到影像，但是影像就被歪曲了，如图91和图92所示。也就是说，我们看到的是扭曲了的搞怪照片。

那么，这是为什么呢？

如 **图93** 所示，我们把水平窄缝放在竖直窄缝的前面，光从D上的竖直线照射到水平窄缝C的时候，跟普通的小孔是一样的，后面的竖直窄缝B不再起作用，也就是说，最后在A上形成的影像跟竖直窄缝B无关，只跟水平窄缝C和A、D的距离有关。

如果窄缝B和窄缝C的位置不变，D上的水平线映在A上，会是什么形状呢？实际上，跟D上的竖直线映出来的形状完全不同。水平线通过窄缝C的时候，没有任何遮挡，全部透了过去，照射到窄缝B的时候，光线就好像通过小孔一样，在A上映出的像跟水平窄缝C无关，只跟竖直窄缝B和A、D的距离有关。

也就是说，如果窄缝B和窄缝C的位置按照图93的样子放置，那

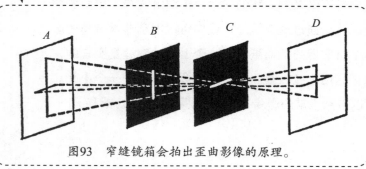

图93　窄缝镜箱会拍出歪曲影像的原理。

么，对于D上的竖直线，窄缝B根本不起作用；而对于D上的水平线，窄缝C根本不起作用。由于窄缝C比窄缝B距离A远，所以D上的竖直线在A上成的像会大一些，相比较而言，D上的水平线在A上成的像会小一些。

如果把窄缝B和窄缝C反过来放置，就会得到相反的情形，水平线成的像会比竖直线成的像大一些。

如果把两个窄缝倾斜一个角度放置，还可以得到另一种扭曲的影像。

通过变换窄缝B和窄缝C的位置和角度，我们可以拍出各种不同的搞怪照片。有时候，我们会利用这种镜箱拍出一些搞怪照片和歪曲图案来进行装饰。

关于日出的问题

我们知道，光的传播也是需要时间的。当距离很短的时候，这个时间几乎可以忽略不计，因为光的传播速度极快。但是，由于地球距离太阳太远了，太阳光照射到地球的时间大约需要8分钟。也就是说，如果我们5点钟看到了日出，其实在8分钟之前，太阳光就已经在那里了，只不过我们还没有看到，如果光传播不需要时间，可以瞬间到达地球，那我们看到的日出时间就是8分钟之前，也就是4点52分。这个说法正确吗？

其实，这个说法是不正确的。也许你不相信，下面我们就来分析一下。我们知道，所谓日出，其实就是从地球上的某一点发出了光，这个点上的光来自太阳没错，但只是这个点从没有太阳光的地方转到了有太阳光的地方。所以，日出时光传播不需要时间，是瞬时的，我们看到日出的时

间仍然是5点钟，而不是4点52分。

　　需要指出的是，由于我们生活的大气层对光线有折射作用，而这种折射作用会使得光在传播过程中发生弯曲，所以我们看到日出的时候，比太阳从地平线升起的实际时间要早。但是，如果光的传播不需要时间，就不会有光的折射问题。这是因为，光在不同的介质里传播的时候，光速会不同，所以形成了折射，而如果光能瞬时传播，就不存在光速不同的情况，自然折射就没有了。如果没有折射，我们看到日出的时间会比正常情况下更迟。

　　但是，如果我们用望远镜直接看太阳，那情形就不一样了。通过望远镜，我们可以观察到日珥，如果光的传播不需要时间，我们确实可以在4点52分就能看到日光，但那不是我们所说的日出。

Chapter 8
光的反射和
光的折射

看穿墙壁

很多人可能都曾经玩过这样一个器具，这个器具是不透明的，但是通过这个器具，我们可以看清楚它后面的物体是什么样子。有的人把这个器具叫作"X射线机"，但我们都知道，它并不是真正的X射线机。如果不知道其中的原理，你一定觉得很神奇。究竟为什么呢？

如图94所示，从图上我们可以看出，这个所谓的"X射线机"并不复杂，结构也很简单，只是在管子里放了四个倾斜的镜子，通过光的反射，把后面物体的影像传到了前面。

潜望镜也是利用这个原

图94　所谓的X射线机。

理制成的。如 图95 所示，不需要探出头来，或者出战壕，士兵在战壕里就可以看到外面的敌人。他们正在使用的器具就是潜望镜。

通过潜望镜观察东西的时候，光线在潜望镜里折射的时间越长，也就是光在潜望镜里传播的距离越长，我们观察到的视界就越小。如果想看到更大的视界，就需要在潜望镜里装一些镜片。但是，同其他的介质一样，玻璃也会吸收光线，所以看到的影像就会不够清晰。

所以，现在我们所见到的最高的潜望镜只有20米左右，再大了，就只能看到特别小的视界了，而且看到的影像也不清晰。

图95　第一次世界大战时使用的潜望镜。

如 图96 所示，如果在潜水艇上观察敌军的舰船，也要用到潜望镜。只不过这里的潜望镜的主体结构是一根长长的管子，管子的上部露在水面上。当然了，这种潜望镜比一般的潜望镜复杂多了，但是原理都是一样的。光线也是从管子上面的平面镜或三棱镜反射到下面的管子里，然后沿着管子到达地上的另一个平面镜或三棱镜，然后到观察者的眼中。

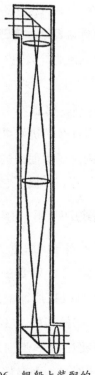

图96　舰船上装配的潜望镜的设计图。

砍掉的脑袋还能说话

在去博物馆参观的时候，如果你比较幸运，有可能会看到这样的表演：在一块场地上有一张桌子，周围用东西隔开，不让人靠近。在这张桌子上放着一个大盘子，盘子上是一个活的人头。这并不奇怪，奇怪的是，人头是活的，它的眼睛在四处看，并且不停地说着话，嘴巴还在吃东西，但是我们明明看到桌子下面什么东西也没有啊！这是为什么呢？如果真的是砍掉的脑袋，它怎么还能说话，吃东西？

其实，盘子里的脑袋当然不是真的被砍掉了，否则，它根本不可能存活，更不可能吃东西和说话。只要我们揉一个纸团或者什么，扔到桌子下面去，这个谜底很容易就能被我们揭开。因为我们扔到桌子下面去的纸团被弹了回来，也就是说，其实在桌子的下面有人做了手脚，它并不像我们看到的那样空空一片。如 图97 所示，在桌子的下面，有一圈镜子，人就藏在镜子的后面。

现在，我们知道了，只要在桌子腿之间放上镜子，就可以把后面的人挡起来。但是，这也是有技巧的。在放镜子的时候，一定不要让镜子照到房间里的人或别的东西，而且地面最好是同一个颜色，不能有花纹什么的。房间也最

图97 被砍掉的脑袋。

好是空房间，桌子的外围要隔出一定的距离，不能让观众离桌子太近。

这其实就是一个魔术而已，在我们知道镜子的存在之后，并没觉得有什么神秘，但它是怎么做到的，我们就不得而知了。

其实，在魔术师的手中，这个表演还可以更精彩。比如说，魔术师首先给我们展示一个空桌子，我们看到桌子的上面和下面都没有东西，然后魔术师拿起一个盒子，盒子的大小也就只能装得下一个人的脑袋，而其实里面什么也没有，但魔术师号称，在盒子里有一个人的脑袋。然后魔术师把盒子放到桌子上，并在桌子前面挡上一块布什么的。把布撤掉之后，魔术师拿掉盒子，桌子上便出现了一个活的人头。其实我们已经想到，在魔术师用布遮挡的时候，桌子下面的人把头伸到了盒子里，所以当魔术师拿掉盒子的时候，才会出现一个活的人头。这只是其中的一种表演手法，如果肯动脑筋，还可以想出各种各样的招法来表演这个魔术。

放在前边还是后面

在日常生活中，有很多事情是不符合物理学原理的，但是大家都没有意识到。比如，我们前面提到的用冰冷却食物，很多人还是把它放到食物的下面，而不是放到食物的上面。再比如，刚才提到的镜子，也不见得所有的人都会正确使用。很多人在照镜子的时候，喜欢把灯光打到镜子上，想看清楚镜子里面的影像。其实，这是不正确的做法。把灯光打到照镜子的人身上才是正确的。

我可以肯定地说，很多女孩子在照镜子的时候，都曾经或者一直在这么

使用镜子。

我们能看见镜子吗

镜子可以说是日常生活中不可缺少的东西，但你对镜子了解多少呢？恐怕就说不出来了。很多人喜欢天天照镜子，但如果我问你，你能看见镜子吗？你会怎样回答？你可能会说，当然可以。其实，你错了。镜子是看不见的，我们看见的，只是镜子的镜框，或者玻璃的边缘，最多也就是看到镜子里面的我们自己。但是我们说的是镜子，只要它擦得很整洁，没有污垢在镜子上，你是看不见它的。换句话说，一切能够反射光的东西，都是看不见的。但是，如果这个东西只能漫射光，比如说，我们经常见到的磨砂玻璃，我们是可以看见它的。

前面几节里，我们反复提到的镜子都是利用了镜子看不见的特性，我们从镜子里看到的是别的东西，而不是镜子。

我们在镜子里面看见的是谁

看到这一问题，读者们一定会说："我们看镜子，看到的当然是自己了，而且从镜子里看到的，就是另一个自己，一点儿也错不了。"

图98 反着的表。

真的一点儿也错不了吗？比如说，你的右脸上有块儿斑，但在镜子里，你的右脸是干干净净的。原本右脸上的斑，在镜子里却到了左脸上。再比如，你抬起右手，镜子里的那个"你"却抬起了左手；你右眼眨了一下，镜子里的"你"却眨了一下左眼；你往左边的上衣兜里放了一支笔，镜子里的"你"把笔插到了右边的上衣兜里。你所有的动作在镜子里都是反着的。如果通过镜子看挂在墙上的钟表，钟表上的数字也是反着的，如图98所示，数字的顺序也变得没有规则、乱七八糟了，看起来特别奇怪。不仅如此，钟表指针的走动方向也和我们日常见到的钟表是反着的。

继续观察镜子里的"你"，你还会发现别的有趣的现象。比如说，你会看到，镜子里的"你"是个左撇子，不管是写字还是吃饭，都是用左手，如果你想跟"他"握手，他向你伸出的也是左手。

如果你用笔在纸上写字，镜子里的"你"也会写字，但写出的字却是歪歪扭扭的东西，在我们看来根本不是字。所以，通过镜子，我们并不知道，那个"你"到底会不会写字。

现在，你还觉得，镜子里的"你"和你完全一样吗？

如果你坚持这么认为，很多时候就会把自己也搞糊涂。对大多数人来说，身体是不完全对称的，也就是说，我们的左边和右边并不完全相同。照镜子的时候，你身体左半部分的一些特点就会移植到右半部分上去，镜子里的"你"和本身的你就会完全不一样。

对着镜子画画

我们可以通过一个实验来证明镜子里的影像和物体本身是不同的。

如图99所示，竖直的镜子前面放了一张桌子，桌子上铺着白纸，镜子前面坐着一个人，在往白纸上画画，只不过他没有看手上的白纸，而是在对着镜子画。他画了一个长方形，还画了长方形的一条对角线。

图99　对着镜子画画。

这个图形再简单不过了。但是，我们看一下这个人手中的画，这是画的什么呀？一直以来，我们习惯了视觉和身体动作的相互协调，但是一旦遇到镜子，这一切就都给打乱了。镜子把我们手上的动作完全变了个样，跟我们视觉看到的大相径庭。在镜子里，我们的动作变得诡异起来，本来我们想向左边画的，但是镜子里你的手却是向右边移动的。

如果画比较复杂的画，不是这么简单的几笔，或者写字什么的，眼睛也是看着镜子里面，那么，画出来的东西就会非常可笑，看起来乱七八糟的，什么也不像。

如果我们用吸墨纸吸印文字，吸印出来的文字也是反着的，根本没法看，更不可能一个字一个字地读出来，这和镜子是一样的。但是，如果把吸印出来的字拿到镜子前面，我们再从镜子里面看，这些字就成为正常的了。这是因为，刚才反着的字在镜子里又被反过来，所以我们就能正常读出这些字了。

最短路径

学过物理的人都知道，在同一种介质里，光是直线传播的。也就是说，光是沿着最短的路径传播的。那么，根据这一原理，如果光照到镜子上，再被镜子反射到一个点上，它所走过的路径也是最短的。

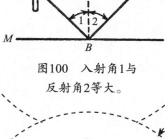

图100　入射角1与
反射角2等大。

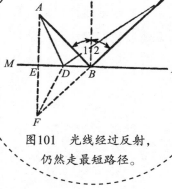

图101　光线经过反射，
仍然走最短路径。

如 图100 所示，假设图上的点A表示光源，MN表示镜子，ABC表示光从蜡烛到人眼C走过的路径，KB垂直于MN。

根据光学定律，我们知道，入射角1等于反射角2。那么，我们就可以得出，从点A到镜面上的某一点，然后从这一点再到点C的所有路径里，ABC是最短的。如 图101 所示，在MN上随便选取一个点D。我们可以比较一下图中的ABC和ADC，看看两条路径哪个长，哪个短。首先，从点A向MN作垂线AE，并延长至F，F是CB的延长线与AE的延长线的交点，然后连接DF、BF。通过三角形的知识，我们很容易证明，三角形AEB和FEB是全等三角形，而且这两个三角形都是直角三角形。EB是这两个直角三角形的公共边。下面我们就来证明一下。前面我们已经说了，角1等于角2，所以角ABE等于角CBN，而角CBN又等于角EBF，也就是说，角ABE等于角EBF，所以我们可以得出三角形AEB和FEB是全等三角形。那么，就有AB等于FB，AE等于FE。根据这个结论，我们又可以得出三角形AED和FED也是全等三角形。那么，就有AD等FD。

于是，我们就可以得出，ADC实际上等于FD加上DC，而ABC就等于FB加上BC，也就是ABC等于FC，比较一下，我们很容易就得出，FC要小于FD和DC的和，也就是说，路径ADC比路径ABC要长。

因为点 D 是我们随意选取的，所以不管选在哪儿，只要入射角等于反射角，路径 ABC 都是最短的。也就是说，光线从点 A 照到镜子上，再反射到人的眼睛 C，所走过的路径 ABC 是最短的路径。在公元2世纪的时候，希腊亚历山大的机械师、数学家西罗就证明了这一结论。

如果你知道怎么寻找最短路径，那么图102所示的题目就难不倒你了，你可以很容易地找到乌鸦飞到栅栏的最短路径。答案如图103所示。

题目是这样的：如图102所

乌鸦的飞行路线

示，树上有一只乌鸦，地上有一些谷粒，乌鸦想飞到地上吃谷粒，然后再飞到对面的栅栏上。那么，请问乌鸦应该按照什么路径飞，才能使它飞行的路径最短呢？

通过前面一节的学习，我们知道，这个题目跟光从镜子上反射的道理一样。我们可以很容易得

图102　请指出乌鸦吃过谷粒，又飞到栅栏的最短路线。

出，只要把地面当作一面镜子，乌鸦按照光的路径飞，也就是使角1等于角2，它飞行的路径就是最短的。如图103所示。

图103　乌鸦的最短路线图解。

关于万花筒的老故事和新故事

如 图104 所示，这是万花筒，很多人小时候都玩过。我们知道，万花筒里面有一些各种各样形状的碎片，通过里面的平面镜反射后，形成非常漂亮的图案，转动万花筒，还可以看到不同的图案，非常神奇。但是，你知道一只普通的万花筒可以变出多少种图案来吗？或者说，你知道它能变出的图案种类是由什么决定的吗？假设这只万花筒里有20块玻璃碎片，如果1分钟可以转动10次万花筒，那么要把里面的所有图案看个遍，要花多长时间？

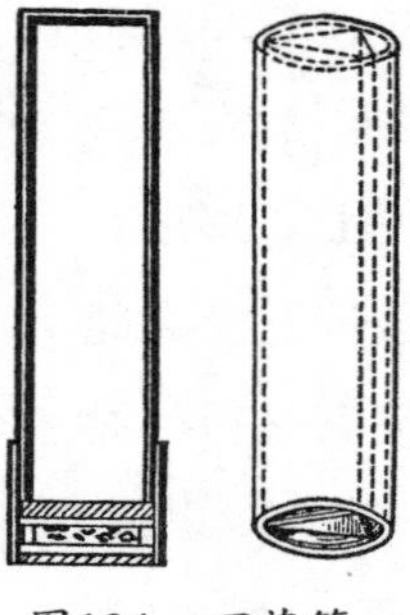

图104　万花筒。

我想，这个问题很少有人想过，也没有人真正试验过。如果单靠想象，是根本不可能想出正确答案来的。

利用万花筒的这一特性，我们可以创造出令人惊叹的图案，有的人把这种图案用在了制造墙纸和纺织上。可以说，再有想象力的艺术家也不可能想出这么美丽又可以无穷无尽变化的图案，所以说，发明万花筒的人，简直是天才。

现在，我们知道万花筒的原理了，觉得它并没有什么神奇的地方。但是在100多年以前，刚刚发明它的时候，人们对它可是有着浓厚的兴趣的，并写了很多赞美诗来颂扬它。

俄国有一位寓言作家叫伊思迈依洛夫，非常喜欢万花筒。他在1818年7月出版的《善意者》上，写了一篇文章，对万花筒进行了生动的描述，他是这样写的：

我手上有一个万花筒，这可是好不容易才得到的。它简直太神奇了——

当我望向里面时，看到的景象真奇妙：在各种各样的图案里，我看到了红玉、黄玉、青玉，还看到了钻石、紫水晶、玛瑙，还有绿柱石、珍珠……这些我都看到了！随便转一下方向，又可以看到新的图案。

不管你用什么题材的文章，也不可能写出万花筒里面的所有图案和美景。只要用手转动一下，万花筒里的图案就会变化，而且每一种图案都不同，简直太美丽了。如果把万花筒里的图案绣出来，就太好了。但是，到哪儿去找这么艳丽的丝线呢？万花筒真是个好东西，可以打发无聊的时光，比玩游戏好多了。

听说，在17世纪的时候，人们就发明了万花筒，而且一度非常盛行，后来还经过了改进。有一个法国人，非常有钱，不惜花费2万法郎，专门定做了一个万花筒，里面放了贵重的宝石。

最后，这个作家讲了一个很有趣的笑话，用一种那个时代特有的近乎嘲讽的忧郁语调，结束了文章：

罗斯比尼是著名的皇家物理学家、机械师，他制造了很多优良的光学仪器，其中就包括万花筒，他造的万花筒，每只才20卢布。可以肯定地说，喜欢万花筒的人比喜欢他讲

座的人多得多，但是，罗斯比尼却没有从讲座中得到任何好处，这简直太遗憾了！

万花筒被发明后的很长一段时间里，只是被人们当作一个玩具玩耍，没有人想到它还有其他的用处。现在，人们经常用它来画漂亮的图案，并发明了一种仪器，可以把万花筒里面的精美图案拍下来，洗成照片，并利用机械设备制造出来。

魔幻宫殿

前面我们说到了万花筒，那么你有没有想过变成它里面的小玻璃碎片？我想，那一定很有趣。我们可以通过一个实验来体验一下这种感受。其实，在1900年举行的巴黎世界博览会上，就有人体验过了。当时，博览会里建造了一个魔幻宫殿。实际上，这个魔幻宫殿就是一只巨大的固定式万花筒。这座宫殿的形状是一个六角大厅，在大厅里面的每一面墙壁上都镶上了一块光洁的大玻璃镜子，一直到墙的顶端。在大厅的角上，都竖立着一根柱子，墙的顶端跟天花板连在一起。人们走到这个宫殿里，看到的是无数个大厅、无数根柱子、无数个自己。虽然自己身处其中，但却搞不清到底哪个才是真正的自己，而且四面八方的大厅、柱子和"自己"一直延伸到看不见的地方。

正如 图105 所示，有6个大厅画着横

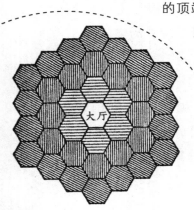

图105　经过三次反射后的大厅。

线，12个大厅画着竖线，18个大厅画着斜线。画横线的6个大厅是原来的大厅反射之后形成的影像，画竖线的12个大厅是二次反射之后形成的影像，画斜线的18个大厅是第三次反射之后形成的影像。如果镜子非常光洁，并且相对的镜子也完全平行，那么反射出来的大厅还会更多。有人观察过，可以看到大厅反射12次之后的结果，也就是能看到468个大厅。

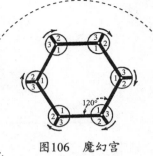

图106 魔幻宫殿产生的原理。

我们知道，光会在镜子上反射，所以我们很容易就会发现，这座宫殿的奥秘就在于，大厅的周边有3对平行的镜子，还有12对不平行的镜子，所以才产生了这么多次反射。

在当时的博览会上，还有一个更奇妙的魔幻宫殿。在这座宫殿里，除了有很多次光的反射之外，还可以变换景象，并且瞬间就能改变，就好像我们手里玩的万花筒一样，参观者仿佛置身万花筒中，非常神奇。

在这座奇妙的魔幻宫殿里，墙上的每一面镜子都经过了特别的处理。在离墙角不远的地方，镜子被竖直割开，这样墙角就可以绕柱子旋转。如图106所示，我们可以看到，通过旋转墙角1、2、3的位置，可以出现三种变化。如图107所示，在墙角1，我们布置了一个热带森林的景象；在墙角2，布置了一个阿拉伯式大厅的景象；在墙角3，布置了一个印度庙宇的景象。那么，只要转动墙角上的机关，就可以把大厅的景象变成热带森林，或者阿拉伯式大厅，或者印度庙宇。不管它们怎么变化，说到底，这都是充分利用了光的反射原理。

图107 魔幻宫殿解密。

光为什么会发生折射

我们知道，如果在同一种介质中，光是沿直线传播的，但如果从一种介质到另一种介质，光的路径就会发生变化，也就是光前进的方向发生了变化。那么，为什么会发生这种现象呢？就像我们步行的时候，从平坦的平原进入山谷，本来走的是直线，到了山里却不得不绕道。对这一现象，著名天文学家、物理学家赫希尔进行了详细的阐述：

有一队士兵在徒步行进，他们前进的道路不都是平坦的大道，有一部分是崎岖不平的道路，所以他们走的速度很慢。假设这两种道路的分界线是一条直线，而且这队士兵行进的方向和这条直线成一定的角度，也就是说，同一排士兵到达这条直线的时间有先有后，不是同时到达的，过了这条直线，就到了崎岖的道路上。而跨过这条分界线的时候，有的士兵过去得早一些，有的晚一些，在时间上并不一致，而且到了崎岖的道路上，就会减慢行进的速度。所以，对于同一排士兵来说，在跨过这条分界线的时候，就不在一条直线上了，前面先跨过去的速度变慢，还没有跨过去的仍然保持原先的速度。也就是说，这一排士兵，在和分界线相交的地方，好像折了一下一样，与分界线相交的点上形成了一个钝角。我们知道，士兵走路都是按照一定的节拍走的，不能前后跑来跑去，所以每名士兵都是朝着前进的方向行进。因此，跨过分界线后，每名士兵所走的路径就会跟新的队伍正面垂直，并且这段路径和在平坦道路上花费同样时间所走路径的比值正好等于在两段不同道路上速度的比值。

如图108所示，我们来做一个实验。找一张桌子，并把桌子的一半用布盖起来，然后把桌子稍微倾斜，从不用的玩具汽车上拆两个轮子装在一根木轴上，让轮子沿着桌子的高处下滑，并且下滑的方向正好跟盖桌子的布的边缘垂直。那么，轮子在下滑的过程中就不会改变方向。也就是说，它下滑走过的路径是竖直向下的，这就相当于光在垂直射向另一种介质时走过的路径一样，不会变换方向。但是，如果我们把轮子的下滑方向变一下，稍微有一个倾斜度，也就是不垂直于布的边缘，那么轮子在滑到布的边缘的时候，路径就会偏离原来的方向，这就相当于光线在进入另一种介质时，路径发生了偏移。通过这个实验，我们可以看到，轮子在没有布的桌面上滑动的时候，速度比较快，当滑到有布的桌面时，速度会变慢，并且路径会向竖直线偏移，也就是分界线的"法线"方向。如果反过来，轮子是从有布的桌面滑向没有布的桌面，就会偏离"法线"方向。

图108　光在不同介质传播的示意图。

通过这个实验，我们可以很形象地看到光在两种不同的介质里，传播的时候、行进的速度会不同，而且方向也会发生偏移。不仅如此，如果速度差别越大，那么方向偏移得也会越多，也就是折射的程度也会越大。我们一般用"折射率"来表示这一程度，它就等于光在两种介质里行进的速度比值。

另外，光的折射还有另外一个特点，是不同于反射的。我们都知道，光在反射时，走的路径是最短的，但是在折射时，走过的路径是速度最快的，并且在进入某种介质时，除了这一条折射路径外，不可能有另外一条比这一条走得更快。

什么时候走长路比走短路还要快

关于这个问题，很多人会怀疑它是否真的能实现。走的路比较远，而花的时间却比较少，怎么可能？这确实是可能的，只要我们安排合理，在走路的时候，根据不同的路况选择不同的行进速度，就可以实现。

举个例子，一个人正好住在两个车站之间，并且离其中的一个车站近一些，离另一个远一些。如果他想到比较远的车站，他可以走到离他较近的车站，再反方向乘坐火车，到达离他比较远的车站，也可以选择骑马或者步行，直接到达他想去的那个较远的车站。我们知道，如果直接去较近的车站，显然路程会近一些。但是，如果这么走的话，虽然路程走得少，但因为速度慢，花费的时间却更长一些。

再来举一个例子。如 图109

所示，一个通讯员要从A地到C
地去送一份文件，他是骑马去
的。从A地到C地，中间要经过
一大片沙地和另一大片草地，
沙地与草地的分界线是EF。我
们知道，马在沙地里行走的时候速
度会很慢，大约只有草地上速度的一
半。那么，这个通讯员应该选择什么路线
走，才能快一些把信送到C地呢？

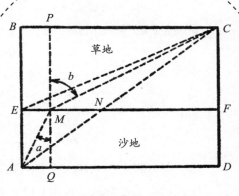

图109　通讯员从A地到C地的
最快路线。

不容置疑，从A地到C地，最近的路径是它们两者之间的连线，但
这么走并不是最快的，这个通讯员不可能选择这条路线，因为他知道沙地
上是很难行走的，所以他应该在沙地里少走一些路。也就是说，通讯员应
选择在沙地里花费更少一些时间。虽然这么走可能需要在草地里走多一些
路，但是从时间上来看，肯定要少得多，因为草地　　　　　　上的
行进速度是沙地的2倍。所以尽管在草地上
多走一些，从花费的时间来看，还是有
利的。也就是说，通讯员走的路线
应该是这样的，尽量沿着A地到EF
的垂线行走，然后到达分界线EF
时，再折向C地。

通过几何学上的勾股定律，
我们可以很容易地计算出，直线
AC并不是花费时间最少的路线，
如果按照 图110 所示的路线AEC行
进，其速度比直接沿着路线AC走快得多。

图110　通讯员的最快路线是AMC。

下面，我们来计算一下图109中的情况。在图中，沙地宽2千米，草地宽3千米，B到C的距离是7千米。那么根据勾股定理可以得出：

$$AC = \sqrt{5^2 + 7^2} = \sqrt{74} \approx 8.60$$

这里，AN部分代表在沙地里走的路线。可以看出，AN等于2／5的AC，即3.44千米。由于在沙地里走的速度只有草地上速度的一半，所以这3.44千米所花的时间就等于在草地里走6.88千米花费的时间。所以，如果沿着路线AC走，走完全程就相当于在草地上走12.04千米所花的时间。

现在，我们再来看看图110所示的情况，也就是沿着路线AEC行进。沙地里所走的路线AE长度是2千米，也就是相当于在草地上行走4千米，而路线EC长度是7.61千米，那么，两者相加，就相当于在草地上行走11.61千米。显然比图109所示的情况花的时间要少多了。

这么说来，虽然路线AC看起来距离短，但花费的时间却相当于在草地上行走12.04千米，而路线AEC看起来距离长一些，但花费的时间却只相当于在草地上行走11.61千米。它们之间差了0.43千米。其实，图109所示的情况还不是最快的。理论上来讲，最快的路线应该是这样的：角b的正弦值与角a的正弦值之比等于草地上速度和沙地上速度的比（$\sin b : \sin a$），即2∶1。也就是说，要想花最少的时间，路径的选择必须满足$\sin b$等于$\sin a$的两倍。通过计算，我们可以得出：

$$\sin b = \frac{6}{\sqrt{3^2 + 6^2}}$$

$$\sin a = \frac{6}{\sqrt{1^2 + 2^2}}$$

$$\frac{\sin b}{\sin a} = \frac{6}{\sqrt{45}} : \frac{1}{\sqrt{5}} = \frac{6}{3\sqrt{5}} : \frac{1}{\sqrt{5}} = 2$$

那么将全部的路程换算为在草地上行进的路程可知：$AM = \sqrt{2^2 + 1^2}$，这就相当于在草地上行走4.47千米。

$MC = \sqrt{3^2 + 6^2} = 6.70$千米，全程为6.70+4.47=11.17千米。

由之前的计算，我们已经知道行走直线路程长度的时间相当于在草地上行走12.04千米的时间。

从刚才的例子可以看出，如果选择恰当的行进路线，花费的时间要少多了。光在不同的介质中传播时，就是这么选择的。如 **图111** 所示，折射角的正弦值和入射角正弦值的比值，正好等于光在两种不同的介质中传播的速度的比值。通常我们把这个比值称为"折射率"。

图111　线段m与圆的半径比是角1的正弦。线段n与圆的半径比是角2的正弦。

费马原理把光的反射和折射放到一起进行讨论，得出了"最快到达原理"，即不论在什么介质中传播，光走过的路径都是耗时最短的。

还有另外一种情况，就是介质是不均匀的。换句话说，这种介质的折射率是不固定的。比如，我们生活的大气层就是这样的情况。但是，在这种情况下，光依然选择最快的路径进行传播。这样就解释了光在进入大气层的时候，光的传播是慢慢变化的。天文学家把这一现象称为"大气现象"。因为大气层的密度从上到下是逐渐变大的。在这样的大气层里，光传播的路径是慢慢折向地面而不是一条直线的。这时，光线在大气层的上层传播的时候，传播的速度比较快，而且传播的时间也会长一些，而在大气层的下层，速度则比较慢，走的时间也短一些，这样光就会更快到达地球。

其实，前面提到的费马原理并不只适用于光的传播。对于声音的传播，不论是哪一种波动，也一样适用。

提到声音的传播，那么声音的波动特性到底是什么样的呢？1933年，在斯德哥尔摩的诺贝尔奖颁奖仪式上，现代物理学家、诺贝尔物理学奖得

173

主薛定谔做了一个报告，对这一特性进行了解释。

　　还是以前面士兵行进为例，只不过这里我们假设地面情况是不均匀的。下面我们就来看一下，他当时是怎么解释的。他是这样说的：

　　　　假设每一个士兵手里都拿着一根长杆，这样可以使整个队伍始终保持整齐。假设地面是逐渐变化的，这时，上级命令所有的士兵以最快的速度跑步前进，一开始整排士兵的右侧走得比较快，左侧是后面才跟上去的。也就是说，整排士兵在进入不同的路况时，要想队伍保持整齐，需要有一定的时间，而且走的路线也不是直线，而是变得曲折了。但是，可以肯定的是，他们到达目的地的时间是最快的，因为他们的速度是最快的。

新鲁滨孙

　　儒勒·凡尔纳写过一部小说，叫《神秘岛》，里面讲的是几个人如何在荒岛上生存的。里面有一个情节是关于在没有火柴和打火机的情况下，如何生火的。我们知道，鲁滨孙是借助闪电，烧着了一段树枝，然后生起了火。但是，在《神秘岛》里，他们却利用物理学原理和自身的机智，而不是偶然的闪电生起了火。如果你也看过这部小说的话，你一定也记得下面的情节：

　　　　打猎回来的潘科洛夫水手看到了惊人的一幕，工程师和通讯记者史佩莱正坐在燃烧着的火堆旁烤火。

"你们怎么生的火呀？"潘科洛夫问。

"不是我们，是太阳。"史佩莱说。

史佩莱说的是实话。是的，令潘科洛夫惊奇的火堆就是太阳点着的。但是，这还是把潘科洛夫惊着了，他甚至都忘了问问工程师到底是怎么回事。

潘科洛夫继续问："你带了放大镜吗？"

"没有，不过我做了一个。"史佩莱边说边拿起了一个东西。潘科洛夫一看，这不是两块玻璃吗？而且这两块玻璃还是从工程师和史佩莱的手表上拆下来的。不同的是，在这两块玻璃的中间，装满了水，而且接合处用泥封了起来。这确实是一个放大镜。正是利用了这个"放大镜"，才引燃了地上干燥的苔藓，生起了火堆。

那么，为什么一定要在两块玻璃中间装上水呢？如果不装水或者不装满，就不行吗？

是的，如果不装水，是不行的。我们知道，两块玻璃的两个表面是平行的，但都是同心的球形凹面，从物理学原理上来讲，光在射过这块玻璃的时候，基本上不会改变方向。如果不装水，就会射过另一块玻璃，并直接穿出来，而不会聚到一起。也就是说，光在射过不装水的两块玻璃后，并没有发生折射，光也不会聚到焦点上。但是如果装满水，就不一样了，光在穿过玻璃后，就会发生折射，因为水的折射率比空气大多了。小说里的工程师就是充分利用了这一原理。

球形的玻璃瓶也可以用来取火，只要在里面装满水就可以了。在很早以前，人们就发现了这个事情，并且发现玻璃瓶里的水仍是凉的，并没有发热。还有人因为疏忽，把装了水的这种玻璃瓶放在窗台上，结果把窗帘烧着了，把桌子也烧坏了。以前的药房里，也经常看到这种玻璃瓶，里面装着各种颜色的水，用来装饰橱窗，但是不得不说，这是一个很大的火灾

隐患，经常把药品都给烧着了。

实验证实，用一只直径为12厘米的小圆瓶，利用太阳光的聚焦，可以把表玻璃上的水煮沸。而直径15厘米的这种圆瓶，焦点上的温度有120℃。有人甚至用它来点烟。

需要指出的是，虽然可以用水做的透镜来生火，但是跟玻璃透镜比起来，还是差多了。这是因为水的折射率要比玻璃小多了，而且，光在水里传播的时候，水还会吸收光线中的大部分红外线。对物体加热，红外线的作用是最大的。其实，我们可以很简单地证明，小说《神秘岛》里的生火方法是不切合实际的。

在2000多年前，古希腊人就发现了玻璃透镜的这一特点，并在实践中加以应用，这比眼镜和望远镜的发明还早了1000多年。古希腊有一位喜剧诗人叫亚里斯多芬，在他写的喜剧《云》中，就有关于玻璃透镜取火的描写：

> 一个人问另一个人：如果有人写了一张欠条，说你欠他钱，那怎么才能把这个欠条销毁呢？另一个人想了一会儿，然后说："我想到了一个非常好的方法，而且绝对是最奇妙的方法。你见过药房里把药品烧着的那个透明东西吗？"
>
> "你说的是'取火玻璃'吧？"
>
> "没错，就是它！"
>
> "那该怎么做呢？"
>
> "等他写欠条的时候，把它放在他后面，让太阳光穿过去，就把写的字给烧掉了，这样就没有证据了！"（需要指出的是，当时的人们是把字写在涂了蜡的木板上，而蜡遇热就会熔化。）

怎样用冰来生火

前面我们提到了用玻璃透镜可以生火。其实，还有一样东西也可以用来生火，就是透明的冰块，把它做成透镜一样可以生火。这是因为，冰块的折射率和水差不多，只比水稍微小一些，所以既然盛水的圆瓶可以生火，那冰块透镜也可以。

在儒勒·凡尔纳的小说《哈特拉斯船长历险记》中，冰块做成的透镜同样起了很大的作用。当时没有火种，天气也非常冷，温度达零下48℃，但是，克劳波尼博士却利用冰块燃起了火堆。

"真不幸！"哈特拉斯说。

克劳波尼博士说："是啊。"

"要是有一个望远镜就好了，就可以用它来取火了。"

"可不是嘛！来的时候怎么没想到带一个呢？阳光这么强，如果有个透镜就好了，就能生火了。"克劳波尼博士说。

"看来，我们只能吃生的熊肉了。"

博士接着说："那又有什么办法呢？对了，我们为什么不想别的办法来生火呢？"

"什么方法？"哈特拉斯问。

"我想……"

"你是怎么想的？快说啊！"水手着急地说。

"不知道行不行呢？"博士说。

"到底是什么办法，快说啊！"哈特拉斯更着急了。

"我们可以自己做一个透镜……"

"什么？怎么做？拿什么做？"水手说。

"用冰块做。"

"这个……真的可以吗？"

"嗯，我想肯定可以。我们的目的就是把太阳光聚集到一起。你们看，这里的冰块就跟水晶一样，如果可以找到一块淡水结成的冰块，就更好了，因为它不仅结实而且透明度也高。"

"快看，那儿有一块！"水手指着远处的一块儿大冰块说，"那块肯定正是我们需要的。"

"没错，走，带上斧头。"

于是，3个人走到了那块儿冰块旁。果不其然，冰块是淡水结成的，又大又透明，直径足有一英尺大小。

博士跟他的朋友们从这块大冰块上砍下来一小块，先用斧头砍平，然后用小刀修，最后再在石头上磨。就这样，他们做成了一个透镜，而且透明度非常好，就像水晶做的一样。趁着还有太阳，他们赶紧拿这个冰块透镜实验起来。果然，没一会儿工夫，就燃起了火。

小说中的这一情节并非虚构。用冰块做成的透镜的确可

图112　博士把太阳光聚集到一起。

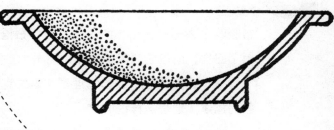

图113　用冰制成的透镜。

以生火，关于这一点，早在1763年，英国就有人试验成功过。只不过，当时用的冰块比小说中提到的大多了，而且从那以后，人们又进行了很多次这样的试验，都成功了。需要指出的是，在零下48℃的天气，只是利用斧头、小刀来制作一个冰块透镜，难度非常大。如果不是在这样的恶劣环境下，我们可以很简单地就做成一块儿冰块透镜。如图113所示，只要把水倒进一个碟子，放到低温环境下让水结冰，然后再热一下碟子，就做成了。

　　还有一点，在用冰块透镜做取火实验的时候，一定要在太阳光非常好而且天气又比较冷的露天里做，不能在房间里面隔着玻璃做，因为玻璃会吸收掉大部分太阳光的热能，试验就很难成功了。

借助阳光的力量

　　下面，我们再来做一个有意思的实验，你也可以试试。冬天下了雪之后，我们拿两块布，一块黑色的，一块白色的，然后分别把它们盖到雪上面。过几个小时，我们再去看，就会发现，两块布有了不同的变化，黑布深深陷到了雪地里，而白布几乎没有什么变化。也就是说，黑布下面的雪比白布下面的雪融化得快多了。这是因为黑

布吸收了大部分太阳光的热能，而白布恰恰相反，它把大部分太阳光给反射了回去，所以它吸收的热能比黑布少多了。

关于这个实验，美国物理学家富兰克林也曾亲身试验过，并进行了形象的描述。他是这样说的：

我从裁缝店找了几块不同颜色的方布，什么颜色都有。在一个天气晴朗的早晨，我把这些布放到了雪地上，过了几个小时，我发现陷进雪地最深的是黑布，说明它受热最多，而其他颜色的布则各有不同。而且我发现，布的颜色越浅，陷进去得也越浅，特别是白色的那块布，几乎没有任何变化，仍然跟一开始放到雪地上时一样。

通过这个实验，富兰克林感慨地说：

理论是拿来为我们服务的，如果这个理论没有任何用处，那么这个理论就没有意义。通过这个实验，我们是不是可以得出，在夏天，我们可以穿浅色的衣服，把阳光发射出去，就不会感觉特别热；而到了冬天，我们就可以穿深色的衣服，这样就会吸收更多的太阳光的热能，就不会感觉特别冷……另外，把墙壁涂黑，是不是也可以吸收太阳光的热能，这样到了晚上的时候，就可以仍然有一定的热量来保护房间里的东西不被低温冻坏？我想，我们还可以找到更多的应用，来体现这一理论的价值。

不得不说，有时候，这一理论确实会发挥非常大的作用。1903年，一艘轮船到南极进行探险。结果很不幸，轮船陷进了冰里。能想到的办法都尝试了，甚至动用了炸药、钢锯，但都没有很好的效果，而且进度极慢。后来，有人想了一个办法，在轮船前面的冰上，用黑灰和煤屑铺了一条长2千米宽10米的"大道"，一直到最近的一块儿裂冰上，都是黑黑的一片。当时的天气特别好，太阳光一直照射着。没过几天，被黑灰和煤屑覆盖的冰慢慢融化了，轮船就此脱离了危险。

关于海市蜃楼的旧知识和新知识

你一定听说过海市蜃楼，但是你知道为什么会发生这一现象吗？这是因为沙漠里的沙子被太阳暴晒后，接近沙子的空气就会比上层的空气热得多，使得它的密度减小，它就变成了镜子一样。这样的话，从遥远的地方射过来的光线遇到密度较小的空气会发生弯曲，射到沙子之后再折射到人的眼睛里，使得人们可以看到奇特的景象。而对于看到景象的人来说，就好像面前的沙漠里有一片很大的水面，倒映着岸上的景色。如图114所示。

图114 海市蜃楼的原理。

　　确切地说，接近沙子的那部分热空气并非像镜子那样简单地反射光线，而是像从水底向上看向水面。物理学上把这一现象叫作"全反射"，这跟普通的反射是不同的。要想得到这种"全反射"现象，必须使光线的入射角尽可能大，也就是尽可能倾斜地照到热空气层，比图114所示的倾斜多了。如果入射角不够大就达不到"临界值"，也就不能实现"全反射"。

　　在刚才关于海市蜃楼的解释里，有一点容易让人产生误解。我们知道，对于我们生活的大气层来说，底下的空气密度要比上方的空气密度大。也就是说，如果密度小的空气在密度大的空气下方，密度较大的空气就会向下流动。那么在海市蜃楼里，为什么密度小的热空气能够停留在密度大的空气下面呢？

　　其实，这一点也很容易解释。在稳定的大气层里，的确不会有密度大的空气在上方的情形，而在流动的大气层里，情况就不一样了。接近沙子的热空气当然不会一直停留在沙子上面，而是不断向上升，但是一旦它升起来，马上就会有别的热空气来弥补，使得这一层空气始终保持较高的温度。也就是说，热空气虽然被不断更替，但是在靠近沙子的上方，始终有一层较小密度的热空气。对于光线来说，才不管它是不是原来的空气层呢！

　　像在气象学上，人们通常把我们刚才谈到的海市蜃楼称为"下现蜃景"，其实还有另外一种，也就是"上现蜃景"，这种海市蜃楼是因为上方的空气密度小，发生反射形成的。很多人误以为这种海市蜃楼只可能在南方那种特别炎热的沙漠地带才有。其实不然，在北方也可能发生。比如说，在炎热的夏天，颜色较深的柏油马路被太阳炙烤之后，路面看上去就好像洒了一层水一样，倒映着远方的物体，如图115所示。在夏天，只要留意观察，这种现象还是经常能看得到的。

　　另外，还有一种海市蜃楼，叫"侧现蜃楼"。顾名思义，表现的是侧面的景象。这种海市蜃楼是因为侧面的墙壁受到炙烤，发生反射形成的。

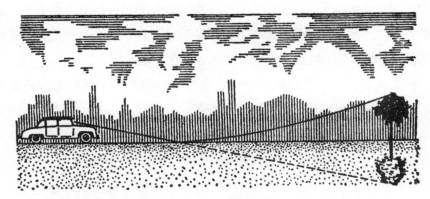

图115　在柏油马路上看到的海市蜃楼。

有一位作家曾经写过这一现象。有一次，这个作家经过一个炮台的堡垒，不经意发现，堡垒的墙壁突然亮了很多，就好像镜子一样，把周围的景色全部照了出来。往前继续走，作家来到另一堵墙边，发现了同样的景象，原本凹凸不平的墙面变得异常光滑。原来，那天天气很晴朗，太阳光线也非常强，堡垒的墙被烤得非常热，所以就形成了这一奇特的景观。如 图116 所示，F和F′分别表示堡垒的两堵墙，A和A′分别表示作家所处的位置。这一景观不仅可以用肉眼看到，还可以用照相机照下来。

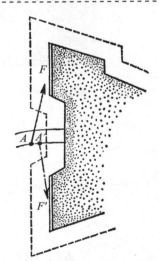

图116　堡垒墙壁示意图。从A点看，墙壁F就好像镜子一样；从A′点看，墙壁F′也好像镜子一样。

我们用F表示堡垒的墙壁，如图117所示。开始的时候，堡垒的墙是凹凸不平的（图中左侧），后来却变亮了（图中右侧），像镜子一样，这是我们从A点拍摄的效果。在左侧的图片上，我们看到的是一面普通的墙壁，没有任何反射现象，所以也就不可能映照出人形

来。而在右侧的图片上，我们看到的还是刚才那面墙壁，但是亮多了，就像镜子一样，所以映照出了离它比较近的那个人形。发生这一现象的原理跟前面是一样的，也是靠近墙壁的空气被烤热了的缘故。

在夏天比较热的时候，只要你注意观察，这种现象还是很容易发现的，特别是在那些比较高大的建筑物墙壁上。

图117 凹凸不平的墙壁（左）突然变得像镜子一样光滑，能反射了（右）。

《绿光》

不知道你有没有在海上看过日落？如果你看过，不知道你有没有看到过这样的现象：如果是在万里无云的晴天，日落的时候，在太阳的最上端跟水平面相平的那一瞬间，太阳的光线一下子变成了绿色，而不是红色，而且颜色非常鲜艳、非常漂亮。即便是世界上最有水平的画家，也不可能调出这么艳丽的绿色来。在自然界里，我们也不可能看到这种神奇的绿色。

这种现象最初发表在英国的一份报纸上。儒勒·凡尔纳的小说《绿光》里的年轻女主角也是出于同样的现象，她到世界各地旅行，为的就是亲眼看一下这种绿光，看看它是否真的存在。但遗憾的是，这位苏格兰女青年最终并没有实现这个愿望，没有看到这一奇特的景象。但是，这一现象却是真实存在的，并非杜撰。只能说这个女青年不够幸运，没有见到罢了，如果她看到了，一定也会赞叹不绝的。

为什么会出现"绿光"

如果你曾经透过三棱镜看物体，你就能明白其中的奥秘了。我们不妨先做一个实验。找一个三棱镜，底面向上放到眼睛的前面，透过它观察钉在墙上的白纸。这时，我们就会发现，墙上的白纸比它本来的位置高了许多。而且，白纸的上边变成了紫色，下边则变成了黄红色。白纸位置变高是由于光线的曲折引起的，这一点很容易理解。而白纸会变颜色，则是色散引起的。因为对于不同颜色的光线，玻璃的折射率是不同的。相对其他颜色来说，紫色光和蓝色光的折射率更大一些，所以白纸的上边变成了紫色；而红色是折射率最小的颜色，所以白纸的下边变成了红色。

我们知道，白光是由很多种颜色组合而成的，也就是说，光谱上颜色的总和就是白色，而三棱镜有一个很大的特点，就是可以把白光分散成光谱上所有颜色的光。白光在通过三棱镜后，就被分散成了很多颜色，而且，这些颜色是根据折射率大小的次序依次排列的，且相互重叠。所以，在各种颜色的光中间重叠的部分，看上去仍然是白色的，而两边由于没有其他的颜色重叠，就显示出了它本来的颜色。著名诗人歌德并不清楚其中的道理，所以他在做了这个实验之后，还以为发现了新的理论，就写了一篇文章，叫《论颜色的科学》，来说明牛顿关于颜色的理论是错误的。当然了，这篇文章本身就是建立在错误的理论上的，所以他的理论当然是站不住脚的，三棱镜根本就不可能产生新的颜色。

对于我们的眼睛来说，大气就好像是一个倒立的大三棱镜。我们在观察快要落山的太阳时，就是透过倒立的大气三棱镜观察的。所以，在太阳的最上端就显示出了蓝绿色，而下面显示出的是黄红色。在太阳还高出地平线很多的时候，很难观察到这一现象，这是因为这时候太阳光线还比较强，上下边缘的弱光被中间的强光遮住了，使我们无法看到。但是在日出和日落的一瞬间，太阳的绝大部分光都在地平线以下，所以我们就能看清楚边缘的弱光了。实际上，太阳落山的时候，上端的颜色不止一种，而是蓝色和绿色两种颜色合成的天蓝色。如果当时的空气非常透明光洁，那么我们看到的就是蓝光。但是，由于大气具有散射作用，蓝光最后会变成一道绿色的边缘。也就是我们一开始所说的"绿光"现象。大部分时候，大气都不是光洁透明的，所以蓝色光和绿色光都被散射掉了，我们看到的太阳也只有红色，根本看不到"绿光"现象。

在普尔柯夫天文台，有一位天文学家叫季霍夫，也曾做过关于"绿光"的研究。他说，如果我们用肉眼可以看到太阳下山的时候是红色的，而且也不觉得刺眼，那么肯定不可能看到"绿光"现象。关于这一点，很容易解释。太阳显示出红颜色，说明在大气的散射作用下，蓝色光和绿色光都被散射掉了。也就是说，太阳上边缘的颜色都散射掉了。他还说，如果太阳下山的时候不是红颜色，而是原来的黄白色，而且特别刺眼，那么几乎可以肯定会有"绿光"现象。不过需要指出的是，要想在这时候看到"绿光"，地平线看上去要非常清楚，不能有不平的地方，而且周边不能有树木或者建筑物。在陆地上，这样的条件是很难达到的，只有在海上才可能达到，所以只有在海上才有可能看到"绿光"。这一点，海员是最有发言权的。

也就是说，如果想看到"绿光"现象，必须在大气非常光洁透明的天气里才行。在南方，地平线附近的空气比较洁净，"绿光"现象比较常见，但是在北方就很难见到了。当然，并不是说北方一定看不到，如果碰巧某一天天气比较好，空气比较清澈，还是可以看得到的。有人就曾经用望远镜看到过这一现象，阿尔萨斯的两位天文学家对这一现象进行了形象的描述：

在太阳即将落山之前，太阳的大部分轮廓还可以看见的时候，它就像是一个波浪运动着的大圆盘，外面镶着绿色的边。在太阳还没有落山的时候，肉眼是看不见这个绿边的。在整个太阳快落到地平线下面的时候，才能看到。如果用放大100倍的望远镜看，可以看得非常清楚。大约在日落前10分钟，就可以看到这条绿色的边，它处于太阳圆盘的上半部分，而下半部分则是红色的边。一开始的时候，绿色的边很窄，随着太阳的下落，绿边越来越宽，并且在绿边的上面，还可以看到凸出的绿色。如图118所示，随着太阳的完全消失，凸出的绿色会沿着太阳的边缘到达最高点，有时候看上去就好像脱离了边缘，还要再亮一会儿才消失。

绿光

1

2

观察者在山后，有5分钟的时间始终能看见"绿光"。右上角的小图是通过望远镜看到的"绿光"。当太阳在1的位置时，光线很刺眼，是无法看见"绿光"的；当太阳在2的位置时，就可以看见"绿光"了。

图118　行走中的人看到的"绿光"。

　　一般情况下，"绿光"现象持续的时间只有1秒钟～2秒钟，但是在某些时候，它也可能持续比较长的时间。有人就曾看到过长达5分钟的"绿光"。由图118可以看出，在很远的山后面，太阳在缓慢下落，如果你走得快一些，可以看到绿色的边就好像沿着山坡下落一样。

　　早上，在太阳还没有完全脱离地平线的时候，我们也可以看到"绿光"。有人认为，"绿光"只有在日落的时候才会出现，而且是一种幻觉，这是不对的。

　　其实，太阳并不是唯一有"绿光"现象的天体，有人发现金星也有这一现象。

Chapter 9
一只眼睛和
两只眼睛的
视觉差异

没有照片的年代

现代生活中，照片是一种很常见的东西，但是在很久以前，我们的祖先并没有见过照片，我们根本无法想象他们在没有照片的时候是怎么面对生活的。在狄更斯的《匹克维克外传》里，提到了一个情节，英国某个国家部门为了画一个人的相貌，闹出了笑话。这个情节就发生在匹克维克服刑的监狱中。

匹克维克入狱后，有人便带他到了一个地方，说是要给他画像。

匹克维克先生说："你们要给我画像？而且是画坐着的画像？"

胖胖的狱卒说："是的，先生，我们要把你的肖像画下来，我们这里的画师都很厉害，放心吧，一会儿就好，不用那么拘束。"

没有办法，匹克维克只好同意了。在他坐下来之后，他的仆人山姆站在他坐的椅子后面，对他说："先生，他们让你坐着画像，其实就是想看清楚你的相貌，以便把你和别的犯人分得更清楚。"

然后，刚才的那个胖胖的狱卒随便看了看匹克维克，另外一个狱卒则在他前面注视着他，还有另一个狱卒一直把脸凑到匹克维克的鼻子前面，仔仔细细地观察匹克维克的相貌特征。

过了一会儿，这几个人终于把匹克维克的肖像画好了，然后对匹克维克说："好了，进监狱里面去吧！"

这还算好的，在这之前，人们还不懂得画像的时候，是通过面貌特征的"清单"来表示的。在普希金著的《波里斯·戈都诺夫》中，沙皇在提到格里戈里的时候，说他"身材很矮，胸脯很宽，两只手也不一样长，眼睛是蓝色的，头发是红色的，面颊和额头各有一个痣"。而现在，只要用一张照片，就可以解决所有的问题了。

为什么很多人不会看照片

19世纪40年代，人们发明了照相技术，于是照片来到了我们的生活中。只不过，当时是用银版照相法照相的。这种照相技术有一个最大的缺点，就是被拍的人必须坐在那儿很长时间，有时甚至长达几十分钟，才能照好。

圣彼得堡有一位叫威因博格的物理学家曾提到自己的祖父为了照一张难以复制的银版照片，在照相机前面坐了足足有40分钟。

一开始，很多人并不相信会有这种技术，认为不用画家就可以得到自己的肖像照片根本不可能。在1845年的一本俄国杂志上，对这个问题有一段有意思的描述：

很多人不相信用银版照相法可以拍出照片来。有一次，有个人想要拍一张这种银版照片，便穿戴整齐地跑到一个照相馆里去照相，等他来到照相馆，店主人便让他坐到照相机前面的一把椅子上，然后校正玻璃，装上一块板子，就走开了。一开始，这个人还是一动不动坐着的，等店主人走开后，他便来到照相机前面，并把眼睛凑到玻璃上，想看看自

己的照片是什么样子的，结果什么也没有看到，便对照相机怀疑起来，一边摇头，一边在屋子里来回踱步。

过了一会儿，店主人回来了，然后发现这个人根本没有坐在椅子上，便喊道："你怎么站起来了，不是让你坐在椅子上吗？"

"没错，一开始我是坐着的呀，你走了之后我才站起来的。"

"你应该一直坐在那里才对啊！"

"啊？我为什么要一直坐着呢？"

现在，随着照相技术的发展，我们已经不需要坐那么长时间了，也根本不会对照相技术有任何的怀疑。但是，不得不说的是，很多人其实对照相也不是很了解。比如说，很多人并不知道怎么看照片。你可能觉得不就是看照片吗，拿在手里看不就是了？但是，并不是这么简单的。虽然现在照片已经很普遍，照片的历史也已经有100多年了，但是即便是很多爱好摄影的人或者摄像师也不见得会看照片，更不用说普通人了。

放大镜的奇怪作用

刚才我们提到，如果一个人患有近视，只要用一只眼睛看照片，很容易就能看到照片的立体效果。那对于普通人来说，该怎么办呢？我们不可能把照片放到那么近的距离上看，但是我们可以借助放大镜。如果放大镜的放大率是2，正好可以解决这个问题，我们也可以很容易看出照片立体的效果。利用放大镜看照片的效果跟我们平常用两只眼睛远距离看照片的效果确实有很大的不同。这里的放大镜就相当于一个实体镜。

现在我们知道了，通过放大镜，只用一只眼睛，可以很容易看到照片的立体效果。其实，人们很早就知道这个事实，但是却不知道它到底是怎么回事。曾经有一位读者给我们写过一封信，请我们对此作出解释：

> 我想向你们请教一个问题：为什么用普通的放大镜可以看出照片的立体效果？从实体镜的构造原理上，根本无法解释这一现象。当我用一只眼睛透过实体镜看东西的时候，看到的总是立体的影像。

通过前面的分析，我相信，读者应该不会像这个人一样，对实体镜的理论表示怀疑了。

在一些玩具店里，有时候会卖一种叫作"画片镜"的东西，它就是根据这个原理制造的。透过玩具上面的小孔，我们可以看到里面照片的立体效果。对于我们的眼睛来说，它们对近景物体的立体效果比较敏感，而对于远方的物体则弱得多，所以为了增强立体效果，玩具制造商通常把近景里的一些物体剪下来，放在靠近小孔的位置，这样在我们用眼睛看向小孔里的照片的时候，会感觉照片具有非常好的立体效果。

如果不用放大镜，照片放在普通人的明视距离上，人们是否也能看到照片的立体效果呢？答案是肯定的。方法也很简单，只要我们拍照片的时候找一个焦距大一些的镜箱就可以，也就是

照片放大

说，要求这个镜箱的焦距大约是25厘米。这时，通过这个照相机拍出的照片，就可以在明视距离上看到立体效果。当然了，要用一只眼睛看才行。

通过改进照相机的结构，我们甚至可以不用闭上一只眼睛，也可以看出照片的立体效果。前面我们提到过，如果两只眼睛上所成的像相同，那么我们看到的景象就是平面的，但是随着距离的拉长，我们两只眼睛看到物体的差别会下降得很快。有人做过实验，结果证实，如果镜箱的焦距达到70厘米，那么即使用两只眼睛看，也能看出照片的立体效果。

不过，如果照相机的焦距太长，用起来会很不方便。所以，有人又想了一个办法，就是把普通相机所拍的照片放大，这样我们看照片的时候，就相当于使用了放大镜，"适当的距离"也被拉长了。比如说，把用焦距15厘米的相机拍出来的照片放大4倍～5倍，那么我们就可以在60厘米～70厘米的距离上用两只眼睛看出照片的立体效果。只不过，照片放大后，一些细节可能会变得模糊不清，但并不影响照片的实际效果，因为我们要的是远距离的立体感，照片的细节并不重要。

给画报读者的建议

画报上通常会有一些复制的照片，一般来说，这些照片也是用相机拍摄的，但是由于它们不是用同一个相机拍摄的，所以相机的焦距会有所不同。这样我们在看这些照片的时候，要想看出照片的立体效果，就需要在不同的距离上看。那么，怎么找这个最佳的距离呢？只能通过实验，我们可以把一只眼睛闭上，只用另一只眼睛看，而且需要伸直手臂，让画报上的照片跟视线垂直，这样才能保证照片在视线的正中间。然后，把画报慢慢向眼睛的方向靠近，这样很容易就可以找到照片立体效果的最佳距离。

很多照片看上去都是平面的，有的还模糊不清，但是只要采取上面的方法，都能看到立体效果，而且立体感还很强。利用这种方法，有时候会看到照片上的水光，或者别的什么立体的物体。

其实，在很早的时候，人们就发现了这个方法，只不过很少有人知道。1877年，卡彭特出版了一本著作叫《物理基础》，书中对这个方法进行了介绍：

很明显，只用一只眼睛看照片，很容易看到它的立体效果，并且不受物体的实体感的影响。另外，利用这种方法看照片会感觉景象特别真实。特别是对于静止水面的照片，如果我们用两只眼睛看，它就像是一层蜡，没有任何生机，但是如果只用一只眼睛，并放在适当的距离上，水面看上去就非常透明，连水的深度好像也能看出来。同时，我们还可以通过这一方法，来辨别不同物体的差别。比如说，铜和象牙的照片，如果放在适当的距离上，只用一只眼睛看，它们的表面会呈现出不同的属性和颜色，很容易就可以区分出来，但是用两只眼睛看，差别就不那么明显了。

刚才提到，如果把照片放大，可以很容易看出它的立体效果，但是如果把照片缩小呢？如果把照片缩小，我们可以得到相反的结果，照片很难看出立体效果，给人的感觉就是平面的，但是它的清晰度非常好。也就是说，照片缩小就像用焦距非常小的镜箱拍出来的照片一样。

前面说了这么多，都是围绕照片来讲的，其实，对于画家画的画也是一样的道理。我们在看画的时候，也最好选一个适当的距离，在这个距离上，你可以看出画上远近不同的景色。也就是说，普通的平面画也可以显示出立体的效果。当然了，看画的时候，也要只用一只眼睛才能看出立体效果。

什么是实体镜

前面几节，我们都是围绕图画或者照片来说的。下面，我们来说一说实体。首先，我们需要弄清楚一个问题，我们看物体的时候，眼睛上所成的像都是平面的，但是为什么会给我们立体的感觉呢？究竟是什么原因，使我们在看物体的时候，产生了立体感呢？

其实，这里面的原因确实有一些复杂。首先，物体的表面都不是非常平的，而是有一些凹凸，这就会使物体表面不同位置的明亮程度不同，从而可以大致判断出物体的形状。其次，我们在看远近不同的物体时，眼睛所受到的张力不同，而看平面图片的时候，眼睛就不会这样，所以要想看清远近不同的东西，眼睛需要不断"对光"。再次，物体在两只眼睛上所成的像不同，也就是说，如果单独用左眼或者单独用右眼，看到的物体形状是不同的，相信我们都有这样的体验。正是因为上面这些原因，我们看物体的时候才能有立体感。具体的情形，可以参考 **图119** 所示。

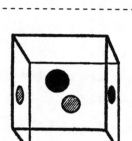

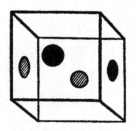

图119 同一个绘有圆点的玻璃立方块。左右两眼分别看到的不同景象。

如果把只用左眼和只用右眼看到的物体的样子画出来，我们就得到了两张不同的画，我们把它们分别放到左右两边。如果可以的话，我们用左眼看左边的那张，用右眼看右边的那张，那么我们看到的就不是两张画，而是一个立体的物体，而且比只用一只眼睛看到的物体立体感更强。其实，仅凭肉眼，我们很难做到这一点，但是借助于一种特殊的工具，我们就可以很容易实现，这种工具就是实体镜。只不过，老式的实体镜是用反射镜做的，而新式的则是用凸面三棱镜做的。用这种新式实体镜看图画的时候，光线通过三棱镜后会改变方向，从而使得两个像重叠，产生立体效果。这就是实体镜的原理，虽然很简单，但却可以产生不可思议的效果。

　　关于实体镜的应用，已经非常普遍了。很多人用它看风景照，还有人在研究地理的时候用它看立体模型。后面的章节中，我们还会提到一些其他的应用。

天然实体镜

　　如果不使用实体镜，仅用肉眼，我们也可以看出物体的实体图。只不过，我们需要对眼睛进行一些训练。通过训练，我们不借助实体镜，也能看到跟实体镜一样的效果，不同的是，肉眼看上去的实体图不会放大。在没有发明实体镜的时候，人们就是用这种方法看实体图的。需要指出的是，有的人即便刻苦练习，或者用实体镜，也不一定能看到立体图形，这是由于他们眼睛本身有问题，或者习惯了用

图120　凝视两个黑点的中间空白，持续几秒钟，你会发现两点融合到了一起。

图121　利用同样的方法观看，你会发现左右两个圆融合到了一起。

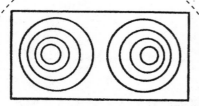

图122　完成之前两个练习后，再看这幅图，你会发现好像看到了一根伸得很长的管子。

一只眼睛看东西；而有的人，只要稍加练习，不用实体镜，仅凭肉眼，也能看到立体效果。

如图120到图126所示，这是几张实体图，按照由简到难的顺序排列。如果不用实体镜，仅凭肉眼，你是否能看出来？

我们可以先从 图120 中的两个黑点开始。首先，把这两个黑点放到离眼睛很近的位置，用两只眼睛同时看黑点中间的部分，不能分神，要有一种感觉——努力看清黑点背后有什么东西，这样持续几秒后，刚才的两个黑点就会变成4个，而且，外边的两个黑点会越来越远，中间的两个黑点则越来越近。最后，中间的两个黑点慢慢挨到一起，变成了一个黑点。

如果你可以看到两个黑点最后合二为一，你就可以用同样的方法，看出 图121 和 图122 的实体图了。图122是一根伸向远方的管子的里面部分。

图123是几个悬空的几何体，图124是一条长廊或隧道，图125是透明的鱼缸中游着一条鱼，图126是一

片海洋。

对于大部分人来说，这种方法并不难学，很多人都一学就会。如果你患有近视或者远视，可以不必摘下眼镜，只需要把图片拿到眼睛的前面，不停地前后移动，一直到找到合适的距离为止，这样也可以训练出来。需要提醒的是，看这种图的时候，光线最好充足一些，这样更容易成功。

通过不断练习，我们不用实体镜一样可以看到图画背后的立体图形。后面的图127，稍难一些，但是只要多加练习，一样可以看出来。

这里，提醒一下读者朋友，在每次练习的时候，最好不要时间太长，否则可能会对眼睛造成损伤。

如果通过前面的练习，还是看不出立体图形，可以借助实体镜看，如果用实体镜也看不到，还可以借助远视眼镜来帮忙。找一块硬纸板，在中间挖出两个小孔，两个小孔的距离跟两只眼睛间的距离相同，然后把远视镜片放到小孔上，只透过这两个镜片看图。同时，在两张并排图画中间隔一张纸片。通过这一装置，你就可以看到立体图形了。

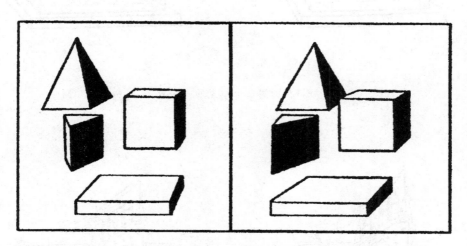

图123　当两幅图融合到一起以后，你会看到就像4个几何体悬浮在空中。

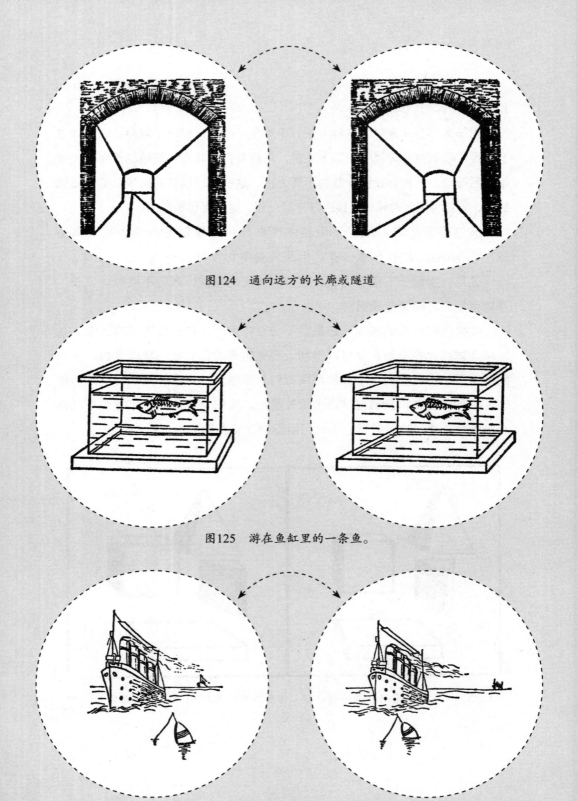

图124　通向远方的长廊或隧道

图125　游在鱼缸里的一条鱼。

图126　一片海洋。

用一只眼睛看和用两只眼睛看

如图127所示，这是几张照片，左上角的两张图上都有3个小药瓶，它们看上去大小规格都是一样的，不管你怎么看，从什么角度看，好像都一样。但是，实际上它们相互并不一样，而且差得还很远。它们之所以看起来都一样，是因为每个瓶子离我们眼睛的距离不一样，或者说，每个瓶子离照相机的距离不一样。大一点儿的瓶子离得远一些，小瓶子离得近一些。但是，究竟哪一个离得远哪一个离得近，却并不是那么容易分辨出来的。

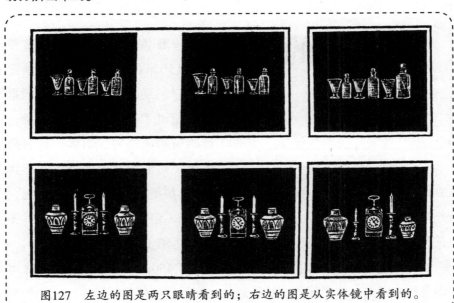

图127　左边的图是两只眼睛看到的；右边的图是从实体镜中看到的。

201

如果借助实体镜，或者利用刚才我们练习的方法，就可以很容易分辨出来：最右边的小瓶离得最远，中间的小瓶次之，左边的小瓶距离最近。图127右上角画出了这三个瓶子的实际大小。

下面，我们再来看一下图127下面的照片。图中有两个花瓶、两支蜡烛，还有一只钟。看上去，两个花瓶大小一样，两支蜡烛大小也一样。但是，实际上它们大小也不一样，左边的花瓶大概是右边花瓶的两倍大小，左边的蜡烛比右边的蜡烛要小。同样，用刚才看实体图的方法，可以很容易看出它们的差别。可是，它们为什么看起来一样大小呢？这是因为，它们并不是摆放在一条直线上，而是有前有后、有远有近的，大的远一些，小的近一些。

从以上的分析中，我们可以明白一个道理：用"两只眼睛"看立体图形比用"一只眼睛"看强多了。

巨人般的视力

一般情况下，对于距离不超过450米的物体，在我们的眼中，它们还是立体的影像，但是如果超过了这个距离，比如说，远距离的建筑物、山体，或者风景等，它们给我们的感觉就不再是立体的而是平面的了。同样的道理，天上的星星因为距离我们非常远，看起来并没有什么差别，好像都离我们一样远，但是它们却相差十万八千里，月亮比其他的行星要近得多，而行星又比恒星近得多。

也就是说，如果物体离我们的距离超过了450米，我们是没有办法用肉眼看到它们的立体影像的。这是因为，在我们的两只眼睛中，它们的影像完全一样。我们知道，人的两只眼睛之间的距离最多也就是几厘米，跟450米比起来，显得太小了。所以，在这个距离上拍出来的照片，没有任何差别，也就不可能利用实体镜看出它们的立体影像。

但是，我们可以想办法来弥补眼睛的这一"缺陷"，那就是在两个不同的地点进行拍摄，只要这两个地点的距离比我们两只眼睛间的距离大就可以了。通过这个办法拍出来的照片，再利用实体镜去观看，就可以看出远处物体的立体影像了。很多立体的风景照就是通过这个方法拍出来的。另外，人们还发现，利用有凸面的放大棱镜看这种照片，可以看到物体本来的大小，能够得到令人惊叹的效果。

说到这里，我想有的读者一定想到了，我们是不是可以用双筒实体望远镜来观看远处的物体。这样，我们就可以看出物体的立体影像，根本不需要事先拍出照片。是的，这种仪器早就被发明了，它就是实体望远镜。这种实体望远镜最大的特点就是两只镜筒之间的距离比我们两眼间的距离要大。如图128所示，在两只镜筒上成的像是由反射棱镜反射到我们的眼睛里的。当我们用这种实体望远镜看远方的物体的时候，感觉会特别震撼。远处的山不再是一片模糊，而是有棱有角，凹凸不平，就连远处的房子、树木、海上的轮船都一样变得非常有立体感，就好像置身于一个非常宽广的立体空间里。

我们甚至会看到非常远的轮船的运动是什么样子的，这种景象是普通望远镜不可能看到的。在实体望远镜没有被发明以前，这种景象也许只有在神话里才会出现。

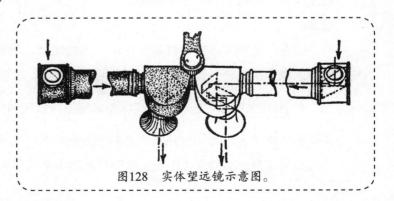

图128　实体望远镜示意图。

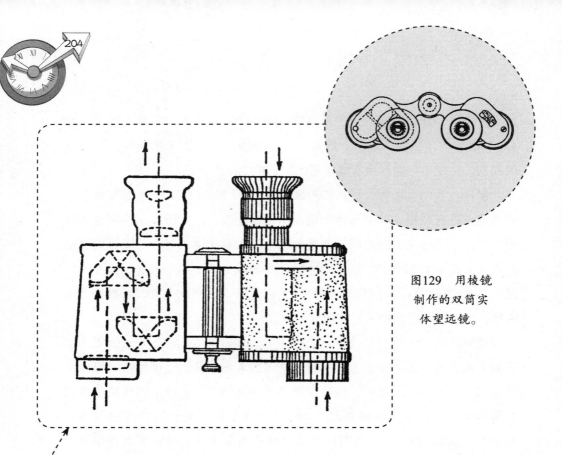

图129 用棱镜
制作的双筒实
体望远镜。

　　一般来说，普通人两眼之间的距离大概是6.5厘米，而实体望远镜两只镜筒间的距离是人眼间距离的6倍，也就是6.5×6=39厘米，如果实体望远镜的放大倍数是10，那么用这只望远镜看到的景象就会比用肉眼看到的景象凸出60倍，在25千米的距离上。用它看，仍然可以看到物体的立体影像。

　　现在，这种实体望远镜被广泛用于大地测量，出海的海员、炮兵以及旅行家也常用到它。有的还带有测量距离的刻度，非常先进和实用。

　　如图129所示，还有一种实体望远镜是用棱镜制作的。同样，它的物镜间的距离比人眼之间的距离大。戏剧镜则相反，它把物镜间的距离缩小了，削弱了舞台上的立体感觉，使舞台上的布景显得更逼真一些。

实体镜中的浩瀚宇宙

如果我们用这种实体望远镜看向月球，或者天上的其他星体，是不可能看清楚上面的立体影像的。这是因为，这些天体距离我们太遥远了。我们知道，一般的实体望远镜两个物镜之间的距离只有30厘米～35厘米的样子，这个距离与地球和天体的距离比起来，显然太短了。即便我们能够制造出一个特别大的实体望远镜，使它的两个物镜间的距离达到几十或者几百千米，也一样不可能看清楚天体上的立体影像，这些天体距离我们至少有几千万千米呢！

那么，我们可以想其他的办法。我们可以利用天体的实体照片来观看。比如说，我们在不同的时刻，利用照相机拍下了天体的照片，这两张照片虽然都是在地球上的同一个地点拍的，但是对于整个太阳系来说，就相当于在太阳系里的两个不同地点拍。因为在太阳系中，地球走过了整整一个昼夜的时间，大概走了上百万千米的路程。这样拍出来的照片不可能完全一样。所以利用实体镜来观看这两张照片，我们就可以看到天体的立体影像了。

所以，利用地球的公转，我们可以从两个不同的地点来拍摄天体的照片，也就是实体照片。这时，地球就相当于一个巨人，它两眼间的距离有上百万千米。天文学家就是利用这一原理，利用不同时间拍摄的天体照片，观察天体的立体影像的。

就拿距离我们最近的天体——月亮来说。通过观察它的立体照片，我们可以看到月球表面的明显凹凸，就像有人在它的表面用刻刀刻过一样，显得非常有立体感。而且，我们还可以利用这些凹凸，测算出月球上某座山的高度。

利用实体镜，人们还可以发现一些新的行星。比如说，在木星和火星

205

轨道之间，有一些小行星，不久之前，人们还只能在偶然间发现。现在，利用实体镜，在某一时刻拍出来的照片刚好有小行星，而有时候拍的照片又没有，那么通过对比，就可以发现它的存在了。

通过实体镜，人们不仅可以区分两个点的不同位置，而且还可以辨别两个点的不同亮度。天文学家利用实体镜的这一特点，可以发现天体亮度的周期变化。如果在不同的照片上，某个星星的亮度不一样，那么通过实体镜就可以很容易分辨出这种差别来了。

利用实体镜，人们还拍到了仙女座星云和猎户座星云的实体照片。要拍出这样的照片，在太阳系是不可能的。但是，我们知道，在整个宇宙中，太阳系也是运动的，所以天文学家想了一个办法，利用太阳系在宇宙中的运动，在相隔很长的时间里，拍摄另一张照片，然后，再借助实体镜，来观察它们。天文学家就是利用这个办法，来观察浩瀚宇宙中的其他星体的。

三只眼睛的视觉

读者朋友，看到这个题目，你是不是觉得不可思议？怎么可能呢，我们根本没有三只眼睛啊！是的，我们没有第三只眼睛，但我们可以利用科学知识来帮助自己看到一些用两只眼睛看不到的东西。

我们知道，即便只有一只眼睛，我们照样可以通过实体镜来看实体照片，并且看到用一只眼睛看不到的立体影像。方法很简单，只要把本来给两只眼睛看的照片在银幕上快速交替播放就可以了。也就是说，通过一只眼睛，可以同时看到两只眼睛的画面。这是因为，人的眼睛对于快速变换的照片，在视觉上是感觉不出来它们的运动的，就像同时看到的一样，会融为一体。当然了，我们在看电影的时候，有时候会看到一些立体效果，并不完全是因为前面说的这些，还有可能是因为照片在拍摄的时候，故意让摄影机进行了轻微地均匀抖动，这就使得前后的照片并不完全相同了。当照片在银幕上快速变换的时候，就会给我们融为一体的立体感。

回到刚才的话题，如果我们可以用一只眼睛看快速变换的两张照片，那么就可以利用另一只眼睛来看另一个地点拍摄的另一张照片了。

也就是说，我们可以在三个不同的地点，对同一个物体分别拍摄，这样就得到了三张不同的照片。然后，让其中的两张以极快的速度进行变换，并放到人的一只眼睛前面。这时，这只眼睛就会看到物体的立体影像；另一只眼睛则会去看另一张照片。那么，两只眼睛看到的立体影像就会融合到一起。这样，虽然我们还是用两只眼睛看照片，但是看到的效果会大不一样，会得到非常强的立体效果。

光芒是怎样产生的

如图130所示，这是两张多面体的实体照片。不同的是，其中一张是白底黑线，另一张是黑底白线。现在，如果我们把这两张照片放到实体镜下面观看，会是什么效果呢？德国的物理学家赫尔姆霍茨进行了亲身试验，下面是他的描述：

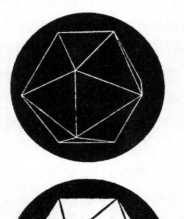

图130 多面体实体照片。用实体镜观看，可看到两张图融合在了一起，黑色背景好像散发着光芒一样。

如果我们把一个平面的实体图分别用白色和黑色表示，那么这两张图片在实体镜下融合之后，感觉就好像发出光芒一样，而且与纸张是否光滑没有直接关系。也就是说，即便纸张很不光滑，也有这种效果。如果我们把晶体模型的实体图也分别用黑白两种颜色表示，放到实体镜下观看，就会看到晶体模型好像是由发着光芒的石墨做成的一样。通过这个方法，我们还可以发现，水和树叶等在实体镜下会变得非常漂亮。

生物学家谢齐诺夫在1867年创作的《感觉器官的生理学·视觉》中，对这一现象进行了详细的分析：

如果我们把实体照片分别用明暗不同的颜色表示，用实体镜观察的时候，就会感觉好像发出了光芒一样。但是，如果物体的表面本身就非常粗糙，则很难得到这样的效果。这是因为，粗糙的表面也可以把光漫射到周围。所以不管从哪个方向看过去，两只眼睛都会看到明暗不同的颜色，基本上不会有什么差别。而光滑的平面，会朝着同一个方向反射光线，所以最后到达两只眼睛的时候，就会有所不同。可能一只眼睛得到了全部的光线，而另一只眼睛几乎没有得到光线。也就是说，两只眼睛得到的反射光线是不一样多的，所以用实体镜观看的时候，就会感觉好像物体发出了光芒一样。

通过这个试验，我们可以看到，利用实体镜可以看到光芒，而且是通过两张明暗不同的实体照片看到的。当然了，这个实验有时候需要靠运气或者经验，才能发现光芒的存在。另外，有时候，我们还需要把看到的情形跟实际的情形相比较，以引起我们视觉的反差，这种反差只有进行对比才能发现。

综上所述，我们之所以能看到光芒，是因为我们两只眼睛得到的光线不一样多，而如果没有实体镜，我们根本没办法看到这一现象。

快速运动中的视觉

在前面的章节中，我们曾经提到过这样的现象，如果同一物体的不同照片快速交替地放到眼前，就会看到它的立体影像。

那么，如果反过来呢？也就是说，我们让眼睛快速移动，而物体的形象不动，是不是也可以产生立体的感觉呢？

我想，大家已经知道了结论，答案是肯定的。在这样的情景下，我们一样会看到物体的立体影像。不知道大家是否注意过这样的场景，有的电影是在快速行驶的火车上拍摄的场景。当我们观看到这里的时候，就会有一种立体的感觉，而且这种感觉并不比通过实体镜看到的效果差。当我们坐火车的时候，火车的速度很快，外面的景物虽然不动，但在我们的眼睛

看来，就会有一种立体的感觉，远处和近处的景物也变得很有层次感。前面我们说过，如果我们的眼睛保持不动，它们只能分辨距离在450米范围内的物体的立体影像，但是如果是在快速行驶的火车上，这个距离就会大得多。

如果你有过切身的体会，一定也有过这种感觉：火车外面的景色变得生动多了。当我们在快速行驶的火车上，从车窗向火车外面望去的时候，感觉远处的景色在快速向后退，在延伸到很远很远的地平线下，大自然的景色显示出了它的宏伟和壮观。而且，火车外面的树木、树枝甚至每一片树叶，都显得非常突出，可以分得很清楚。但是，如果不是在快速行驶的火车上，而是在某个固定的地方观察，我们看到的只是整体的景象。

在快速行驶的汽车上，情形也是一样的。比如说，我们乘坐汽车，在盘山公路上行驶的时候，一样会看到远处山峦的起伏，山谷的高低也可以分得非常清楚。

在100多年以前的时候，人们就发现了这个现象，不过需要指出的是，这个现象跟实体镜没有什么关系。而是因为当我们看向快速运动的物体的时候，认为它们距离我们很近，这只是一种错觉。实际上它们距离我们并不是很近。我们知道，如果物体离我们比较近，我们看上去的大小和实际大小差不多。但是，如果物体距离我们比较远，我们看上去的大小会比它的实际大小要小一些。所以，在平时，我们判断一个物体的大小的时候，经常会不自觉地把这一因素考虑进去。关于这一现象的解释是德国的物理学家赫尔姆霍茨提出来的。

透过有色眼镜

在一张白色的纸上，我们用红颜色的笔写一些字，然后把一块红色的玻璃盖到上面，这时，如果再看纸上的字，它们都消失不见了。这是因为，红色的字和红色的玻璃融合在了一起。如果我们把红色的笔换成灰色的，再盖上红色玻璃看的时候，字就会变成黑色的，这是为什么呢？为什么会变成黑色的？这是因为，红色玻璃只会让红色的光线通过，而灰色的光线不能通过，所以在有灰色字的地方是没有光线的，我们就会看到黑色的字迹。

有色玻璃的这一性质，实际上就是"凸雕"作用，人们还据此发明了"凸雕"画，可以得到跟实体照片一样的效果。在这种画上，我们的两只眼睛会同时看到物体的两个形象，而且这两个形象的颜色不同，一个是灰色的，一个是红色的，它们看上去是重叠的。

下面，通过一只有色眼镜来看这两个颜色的形象，就可以看到黑色的立体影像。当然，这幅有色眼镜是特制的，左边的镜片是灰色的，右边的镜片是红色的。这样，我们通过这副有色眼镜看"凸雕"画的时候，右眼看到的就是黑色的形象，而左眼看到的就是红色的形象。也就是说，我们每只眼睛看到的形象是不同的，这就像透过实体镜观看一样，我们的眼睛看到的是物体的立体影像。

"光影奇迹"

我们在电影院里看电影的时候，会看到一种现象，就是"光影奇迹"，也是跟前面一样的道理。

那么，什么是"光影奇迹"呢？我们知道，人在银幕前面走动的时候，会有影子印在银幕上。这时，如果观众戴着有色眼镜（也就是前面说的双色眼镜）观看，就会看到这个人的立体影像，好像这个人从银幕上走出来一样，这就是"光影奇迹"，它跟前面的"凸雕"画是一样的道理。如果我们想要把一个物体在银幕上显示凸出来的样子，也就是立体效果，就可以将物体放在银幕和两个并列的红绿色光源之间。这样，银幕上就会有这个物体的两个颜色的形象，而且有一部分还重叠在了一起，通过有色眼镜观看的时候，就会看到物体的立体影像了。

刚才我们说过，这时看到的影像就好像物体从银幕上凸出来了一样。如果你有过亲身体会，一定会感叹它的神奇。有时候，凸出来的物体就好像正在向你飞过来一样，立体效果非常好。比如说，恰巧有一只蜘蛛跑到了光影和银幕之间，你会感觉它好像就要到你身边似的，会吓得你赶紧跑开。

我们可以通过图131所示的图来分析一下。图中左侧是两个红绿色的灯，P和Q分别代表放在银幕和灯之间的物体，p绿和q绿分别代表这两个物体映在银幕上的影子，P_1和Q_1代表观看的人分别透过红绿玻璃看到的两个物体的位置。我们不妨找一只假的蜘蛛做道具。当这只"蜘蛛"在幕后从Q爬到P的时候，观看的人就会觉得它好像从Q_1爬到了P_1。

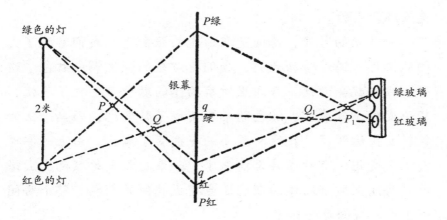

图131 解密"光影奇迹"。

通常来说，当物体在幕后向光源方向移动的时候，映在银幕上的影子会被放大。这就会给观看的人一个错觉，好像物体在从银幕的方向朝着观看者移动一样。反过来，如果观看者看到物体在向他飞过来，实际上物体是在向着相反的方向也就是远离观看者的方向移动。

在一个"有趣的科学"展览中，有一个非常有趣的实验很受大家欢迎。实验是这样的：

出人意料的颜色变化

在一个大房间里，放置了很多家具、家电、图书等，它们的颜色各不相同，木质的柜子是暗橙色的，桌子上盖着绿色的桌布，上面摆着红色的饮料和花瓶，书架上摆放着一些书，上面的字也

是五颜六色的。

　　一开始的时候，房间是在白光的照射下。我们看到了上面的情形。通过转动开关，我们把灯光的颜色调成红色。这时，我们就会看到，房间里所有物体的颜色都发生了变化，柜子变成了玫瑰色，绿色的桌布变成了暗紫色，而桌子上的饮料变得透明了，花瓶和里面的花也变了颜色，书上的字也发生了变化，有的字甚至消失了。如果把灯光的颜色变成绿色，房间里所有物体的颜色还会变成其他的颜色。整个房间一下子变得面目全非了。

　　这个有趣的实验充分体现了关于物体颜色的理论：物体所表现出来的颜色不是由它吸收光线的颜色决定的，而是由它反射光线的颜色决定的，也就是从物体上反射到人眼睛中的光线的颜色。

　　具体地说就是：当用白色的光照射物体的时候，如果我们看到的物体是红色的，那是因为它吸收了绿色的光线，而反射出了红色的光线；绿色则正好相反。当然，在这两种情形下，其他的颜色也同样反射了出来。所以，物体所表现出来的颜色是由于缺少了某种颜色的反射光线，而不是照到它的光线的颜色。

　　回到刚才那个有趣的实验，在白色灯光的照射下，我们之所以看到绿色的桌布，是因为它反射了绿色和接近绿色的光线，别的颜色的光线基本上都被桌布吸收掉了，只反射了极少的一部分。如果我们把红色和紫色两种颜色的光线照射到这块桌布上，那么这块桌布显示的只是紫色，因为大部分的红色光线都被它吸收掉了，所以给我们的感觉就是暗紫色的桌布。

　　正是基于这样的原理，房间里所有物体的颜色才会发生变化。需要特别说明的是，桌子上的饮料为什么会变成无色呢？这是因为，我们事先在桌布上垫了一块白色的布，然后把饮料放在了白色的布上面。如果我们不垫这块白布，就会发现，在红色灯光的照射下，饮料变成了红色，而不是无色。也就是说，垫了这块白布之后，饮料变成了无色。这是因为，白色的布在红色灯光的照射下，变成了红色，但是我们习惯上会把它跟深色的桌布进行对比，仍然认为它是白色的。而饮料的颜色跟放上去的白色的布是一样的颜色，所以我们会错误地认为饮料也是白色的，所以，在我们的眼中，饮料不是红色的，而是无色的。

其实，不需要这么多道具，我们只要找几片不同颜色的玻璃，通过它们看不同颜色的物体，一样可以得到神奇的效果。

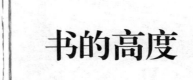

书的高度

把一本书拿在手上，然后用手在墙上比画出它的大小。比如从地板算起，记住刚才比画的那个点，然后把书拿到刚才比画的位置进行对比，你会发现刚才比画的书的大小比书的实际大小大多了，可能有书的实际高度的2倍，甚至更多。

如果不在墙上指出比画的那个点，而是根据比画的大小说一个高度，这个高度跟书的实际大小的差距会更大。当然，我们也可以不用书，而用其他的物体，比如说，灯泡什么的，也可以得到一样的实验结果。

为什么会产生这样的错觉呢？这是因为，当我们顺着物体的方向望过去的时候，物体看起来的长度比它的实际长度要短。

钟楼上大钟的大小

前面一节中关于书的高度的判断，会因为错觉得到错误的结果。其实，在判断放在高处的物体的长度的时候，也会发生这样的错误。比如说，钟楼上的大钟，我们估计出的大小跟它的实际大小会差别很大。

在我们的印象里，钟楼上的大钟都是很大的，这一点毋庸置疑，但是如果让我们估计它的大小，总要比它的实际大小小得多。图132是伦敦威斯敏斯特教堂顶上的大钟。它被拆下来放到地上，旁边的人跟它比起来，简直就跟一只小虫子一样。而图上的钟楼，看起来是那么小，我们无论如何也不会相信，这个钟楼上的圆孔能够放得下这个大钟！

图132　伦敦威斯敏斯特教堂顶上的大钟实物对比图。

如 图133 所示，上面有两个黑点，下面有一个黑点，它们之间有一定的距离。如果从比较远的地方看下面的黑点，你觉得它和上面随便哪一个黑点之间，可以放下几个这样的黑点？4个？5个？你可能会觉得，顶多放得下4个，绝对不可能放下5个。

现在，我来公布答案：实际上，在这个缝隙里，只能放得下5个黑点。你可能并不相信，但是你可以用尺子或者圆规什么的比画一下，你会发现，我说的并没有错。

在这个图中，黑色的这段长度会比我们看上去的长度短得多，跟相同长度的白色比起来，它要短一些，这个现象在物理学上叫作"光渗现象"，它是由我们眼睛的构造决定的，我们的眼睛并不像那些精密的光学仪器一样，无所不能。跟仪器比起来，它还有"不完善"的地方。物体在我们眼睛的视网膜上成的

白点和黑点

图133　下面黑点跟上面任意一个黑点之间的距离，与上面两个黑点外边之间的距离，哪个大？答案是一样大。

217

像的大小，跟对好焦的照相机比起来，还是差多了。我们用眼睛看物体的时候，会有一个"球面像差"，使得光亮的物体周围有一圈亮边，这个亮边会把物体在视网膜上成的像放大，就会让我们误认为周围的亮边也是光亮的一部分，也就是把光亮放大了。

前面的章节中，我们提到过诗人歌德，他特别喜欢观察自然现象，但不得不说，有时候会得出错误的结论。在他写的《论颜色的科学》中，有这么一段叙述：

> 如果同样大小的物体颜色不同，那么深颜色的物体看上去要比浅颜色的小一些。如果在黑色的背景上画一个白点，在白色的背景上画一个同样大小的黑点，放在一起看，就会觉得黑点比白点小。如果把黑点放大一些，它们看起来就一样大了。当我们观察月亮的时候，如果把弯月跟黑色的月面进行对比，会发现弯月的半径比月面的半径大多了。当你穿深色衣服的时候，看起来会比穿白色衣服的时候瘦一些。当我们从门缝中看向灯光的时候，灯光会在门缝旁边少了一块。如果把一把尺子放在蜡烛前面，在正对着蜡烛的地方，尺子好像凹下去了一样。在日出或者日落的时候，地平线也好像凹下去了一样。

不得不说，歌德观察得非常仔细，这些现象也是确实存在的。只不过，他说的白点比黑点大一点儿，不是很确切。如果距离比较远的话，这个差距会变得非常大，可能就不是一两倍了。下面我们就来分析一下这个问题：

如果把图133拿到更远一些，这种错觉会更加明显，甚至达到不可思议的地步。前面提到的亮边的阔度是不变的，如果在比较近的距离上，它能使光亮变大10%，那么在较远的距离上，当物体本身变小的时候，这个比例可能就不只是10%了，而是30%或者50%。

前面说过，这是由我们眼睛的构造决定的。如图134所示，当把这个图拿近看的时候，我们看到的是黑色的背景上有许多白色的点，而如果把它拿到比较远的地方。比如，2步~3步远的地方再来看这幅图，你会发现图上的白点已经不是圆的了，而是变成了六边形。如果你的视力比较好，可以拿到更远的地方看，效果会更明显。

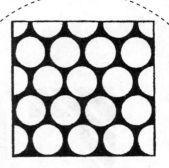

图134　从比较远的地方看，你会发现白点不是圆的，变成了六角形。

通常情况下，人们把这种错觉称为光渗现象。但是，有一些现象用光渗现象并不能解释清楚。比如说，"光渗现象"可以解释黑点的缩小，但黑点是不会放大的。如图135所示，图中的黑点如果从较远的距离看，也一样会显示出六边形，这就不是"光渗现象"所能解释的了。所以，有很多现象是没有完美解释的，甚至可以说，有一些现象，到现在也没有找到一个合理的解释。

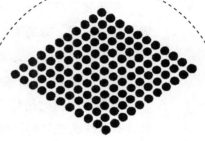

图135　从远处看，黑点也会变成六角形。

如图136所示，这4个字母是俄文中的一个单词，是"眼睛"的意思。通过这张图，我们来认识眼睛的另一个"缺陷"，在物理学上，这一现象被称为像散现象。

哪个字母更黑一些

ГИАЗ

图136　只用一只眼睛看这4个字母，你会发现里面有一个看起来更黑一些。

如果我们只用一只眼睛看向图136中的4个字母，会感觉这4个字母好像不都一样黑，有的要黑一些。如果换个方向看，还是一样，只不过刚才感觉黑一些的字这次变成了灰色，而刚才灰色的字却变黑了。

但是，这4个字母实际上是一样黑的。从图中可以看出，每个字上都涂了阴影，不同的是每个字的阴影方向不同。在玻璃透镜看来，这4个字是没有这样的差别的，但是由于眼睛的构造跟玻璃透镜是不同的，所以会看到这样的差别。这是因为，我们的眼睛对来自各个方向的光线折射的程度是不一样的，因此，如果同时有水平、垂直和倾斜的线条，我们的眼睛是不能同时看清的。

很少有人看不出这种差别。在有些人身上，像散作用特别明显，甚至可能会影响他的正常视力。这样的话，他的视觉就可能不会那么敏锐。如果对视觉的影响比较严重，就需要戴一种特制的眼镜进行矫正。

不仅如此，我们的眼睛还有其他一些缺陷，但是通过精密的光学仪器，也是可以弥补这些缺陷的。对于人类眼睛表现出的这些缺陷，德国物理学家赫尔姆霍茨曾经说过这样的话：如果有人把也存在这样缺陷的光学仪器卖给我，我会毫不客气地讨回公道，并向他提出严正的抗议，这个人对他的工作也太不负责了！

眼睛的特殊构造决定了我们可能会产生错觉。有时候还不仅如此，我们的眼睛甚至会欺骗我们，不过并不是上面说的这些原因导致的。

复活的肖像画

我们经常会看一些肖像画，但是，不知道你有没有注意过这样的细节，就是画中人的眼睛也在看着你，而且如果换一个方向看这张画，画中人的眼睛还是一样会盯着你看，不管你从哪个方向看它，都感觉它也在看着你，是不是很神奇？其实，很久以前，人们就发现了肖像画的这一特性，在没有弄清它的原因之前，有的人甚至被它吓到了。

果戈理（1809~1852），俄国批判主义作家，俄国现实主义文学的奠基人。

在 果戈理 写的文章《像片》中，也对这一情形进行过描述：

> 两只眼睛紧紧地盯着他，好像除了他之外，再也不愿意看其他的人，周围的一切都不能引起它的注意，就那样盯着他，就像要看穿他的身体一样⋯⋯

文章中还提到，当时的人们对这一现象，有很多迷信的说法。后来，人们揭开了这个谜底。谜底很简单，只不过是我们的错觉而已。

我们的眼睛之所以会有这样的错觉，是因为肖像画上的人的两个瞳孔正好画在了眼睛的中间。我们知道，当两个人对望的时候，瞳孔就是在眼睛中间的。当其中一个人保持身体的姿势不变，只是眼睛望向别的方向的时候，瞳孔就会变换位置，转到了眼睛的一边，或者一角上。这时，对面的人就不会感觉他在盯着自己了。当我们看肖像画的时

221

图137 广告宣传中常用
这个形式的设计。

候，不管我们向哪个方向走，画中人的两个瞳孔是不会变换位置的，一直在眼睛的正中间，所以当我们变换方向看它的时候，它就会跟着我们，"监视"我们的一举一动。

同样的道理，如果画上是一匹奔腾的骏马，在朝着画外的方向奔跑，那么不管我们换到哪个角度，都会感觉它在向我们跑来。如果画上有一个人在用手指着我们，不管我们到哪儿，他的手指的方向总是跟着我们。

如 图137 所示，这也是一个明显的例子。这种大幅的图画常用在广告宣传中。

在观看这种图画的时候，我们的眼睛总会有这样的错觉。其实，产生这种错觉的原因并不复杂，它不是我们眼睛的问题，而是由肖像画引起的。

插在纸上的线条和其他视错觉

如图138所示，图上画着一些大头针。乍看上去，这些大头针并没有什么特别之处。但是，如果我们把书放平，并把书拿高一些，拿到跟我们眼睛齐平的高度，这时把一只眼睛闭上，用另一只眼睛看这些大头针的针尖，而且是顺着大头针的方向看过去，这时候，我们就会突然感觉图上的大头针都立了起来，而不是画在纸上，如果把我们的头向某个方向移一下，会觉得好像这些大头针也跟着我们移动的方向斜了过去一样。

图138 将这幅图拿到与眼睛水平的位置。只用一只眼睛看这些大头针的针尖，顺着大头针的方向看去，会感觉大头针都立了起来。

利用物理学上的透视定律，可以很好地解释这一现象。如果按照上面的方法看 图138 上的直线，就好像看到竖立的大头针的投影。

很多时候，我们都被这些错觉支配着。你可以说这是我们的缺陷，但是这些错觉有时候也可以给我们带来便利。比如，绘画，美术家就是充分利用了这些错觉来画画的，如果眼睛没有这些错觉，就不可能画出美丽的风景，我们也就没有机会欣赏到它们了。

18世纪的时候，欧拉的著作《有关各种物理资料书信集》中，写到了这一点：

绘画艺术的产生和发展就是利用了眼睛的欺骗性。如果我们一味地追求真实的情形，就不可能有美术这门学科了，我们也好像瞎了一样。如果没有这种欺骗，美术家所做的一切都是枉费心机，画出的画就没有美感可言了。因为对我们来说，那就是一些五颜六色的东西而已，一块儿黑一块儿白的，它们即便堆积在了一起，也是在一个平面上，不像任何东西，就是一些颜料罢了。不管美术家画什么，对我们来说，就像是写在纸上的书信一样……如果真的这样的话，我们岂不是失去了欣赏美术的乐趣？

在光学上，这种"欺骗"还有很多，如果收集起来，可能写一本书都

224

图139　字母是竖直着的。

图140　看起来像螺旋形，实际上是什么？请用
铅笔画一下。

不止。除了前面我们提到的这些，还有一些我们并不熟悉的现象，下面就再举几个特别有趣的例子。

如图139和图140所示，这两张图都是画在格子上的。如果我说图139中的字母是竖立着的，你一定不会同意我的说法，更不会相信图140中画的是一个螺旋形。那么，请你拿一支铅笔，把笔尖放到螺旋线上，沿着图中的曲线画过去，怎么样，是不是感觉自己的想法是错误的？同样的道理，在图141上，线段AC和线段AB是相等的，虽然看上去好像AC比AB短。在图142至图145中，也是一些容易引起错觉的例子。

这里，我们重点说一下图144和图145的情况，这种错觉已经非常严重了。以前，要出版一本书，需要先制作锌版，然后再印刷。当时出版这本书的时候，发生了一件有趣的事情，出版人看到锌版后，还以为锌版没有做好，准备让制作锌版的人把白线交叉点上的黑点去掉，后来在我的解释下，他才明白过来。

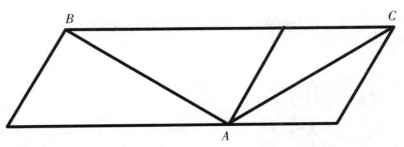

图141 线段AB和线段AC相等，但是看上去AB似乎更长一些。

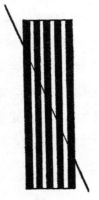

图142 这条线是直线还是折线？

图143 上下两个方块是一样大的吗？两个圆呢？

图144 在白线交叉处，你是否看到一些忽显忽灭的灰方点？它们真的存在吗？

图145 在黑线交叉处，出现的灰点真的存在吗？

近视的人是怎样看东西的

一个人如果患了近视，不戴眼镜是看不清远处的东西的。但是，如果真的不戴眼镜，他们看到的景物会是什么样子的呢？对于视力正常的人来说，他们是无法体会这种感觉的。现在，有很多人都患有近视，了解他们不戴眼镜看到的景象一定是一件非常有意思又有意义的事情。

如果不戴眼镜，患有近视的人是不可能看清楚线条的轮廓的。对他们来说，眼睛中的景物始终是一片模糊。如果望向一棵大树，视力正常的人可以分清楚在天空背景下的树叶和树杈。但是对于近视的人来说，那棵大树就是一片模糊的绿色而已，根本看不清楚细节的部分。

如果望向一个人的脸，在患近视的人看来，这个人脸上的皱纹和色斑是看不到的。在他的眼中，这个人很年轻，脸上也很整洁，就连脸上的皮肤也是苹果红的颜色。所以，有时候，患近视的人对一个人实际年龄的判断甚至会差20岁，为了看清楚一个人的脸，他们甚至经常做出这样的动作：把头伸到这个人的脸前面仔细端详，好像不认识这个人一样，这些都是因为他们患有近视，对于稍微远一些的东西，他们会看不清楚。

诗人捷尔维格是普希金的朋友，他曾经说过这样的话："在皇村的时候，他们不让我戴眼镜，我感觉那里的女人真漂亮，等我毕业后，戴上了近视眼镜，却看不到了，真是失望透顶。"

当我们跟一个患有近视的人聊天的时候，虽然他的眼睛是看着你的，但是对于他来说，你的脸只是一个模糊的轮廓，他根本看不清你的真实面目。所以，如果过一会儿，他再见到你，如果你不开口说话，他甚至根本认不出你。所以，患有近视的人常常是利用声音来判断的，以弥补视觉上的缺憾。

对于患有近视的人来说，在夜间看东西也会跟视力正常的人不一样。在灯光的照射下，患近视的人在看向所有发光的物体的时候，比如说电灯、被灯光照亮的玻璃等，都会变得比实际大小大得多。在他们的眼中，这些发光的物体都变成了一些不规则的亮斑。街上的路灯，在他们看来，也只是几个大的光点而已。正在行驶的汽车上的车头灯只是两个明亮的光点。如果没有汽车的声音，他们甚至看不清楚那是一辆汽车。

夜间的星空对于患有近视的人来说，也是另一番景象。当望向夜空的时候，他们只能看到少量的星星，对于那些光线比较弱的星星，他们是看不到的，他们所看到的星星的数量大概只有视力正常的人看到的十分之一。而且，在他们看来，这些星星是一些很大的光球，而且距离非常近。对于月亮也是一样，在"半月"的时候，他们看到的形状根本不是月牙形，而是一个非常奇怪的形状。

所有这一切，都是因为患有近视的人的眼睛结构发生了改变，他们的眼球聚焦点比视力正常的人的眼球要深一些。对于物体上每一点反射出来的光线，他们的眼睛不能将其很好地聚焦到视网膜上，这些东西跑到了视网膜的前面。也就是说，这些光线在射到视网膜上的时候，已经是发散的了，所以就形成了模糊的影像。

227

Chapter 10
声音和听觉

怎么寻找回声

谁也没有见过它的样子，
但是，我们都听见过它，
它没有形体，但却有生命，
它没有舌头，但却会呐喊。

——涅克拉索夫

马克·吐温讲过这样一个笑话，说有一个收藏家喜欢搜集回声，他不辞辛苦地辗转世界各地，去购买那些可以产生回声的土地。

他首先来到了佐治亚州，买了一块儿可以重复4次回声的土地。然后，马上又跑到了马里兰，买到了一块儿有6次回声的土地。然后，他又来到了关恩，买了一块儿有13次回声的土地。再然后，在堪萨斯买了一块9次的土地。在田纳西买了一块12次的土地。最后买的这块地很便宜，因为这块地上有一块峭岩破掉了，需要维修。不幸的是，给他维修的建筑师没有这方面的经验，结果把事情搞砸了，最后的结果是，这块地也许只能给聋哑人来住了。

当然，这只是一个玩笑，但是，回声却是客观存在的。在地球上的很多地方都有它的存在。有的地方因为回声而变得世界闻名，成了旅游胜地。

下面我们就来说几个这样的例子。在英国的伍德思托克，那里的回声可以重复17个音节。更有甚者，在格伯思达附近的一个城堡废墟，回声可以重复27次之多。很不幸，后来倒塌了一堵墙，这个回声也就再没出现过。在捷克斯洛伐克，有一个地方叫亚德尔思巴哈，那里有一块儿断掉的岩石，如果正好站在那个特定的位置上，这里的回声可以让7个音节重复3次，但是如果离开这个位置一丁点儿，就没有这样的现象了，哪怕是用步枪射击也没有回声。在米兰附近，曾经有一座城堡能够产生更多次的回声，据记载，那里可以产生重复40次～50次的回声，最少时也会产生30多次回声。

前面我们提到的这些地方都是产生多次回声的地方，有没有一个地方只能产生一次回声呢？这样的地方还真不好找。在俄国，也有一些地方可以产生多次回声，那些地方一般被森林包围，中间有很多空地，在那里大声喊叫的话，就可以听到从森林里反射回来的回声。

不过，如果是在山地里，听到回声的概率就会小得多。在这种环境里，是很难听到回声的。其实，回声就是声波在传播过程中遇到了障碍物，然后反射了回来。这跟光的反射是一样的。通常，我们把声波传播的方向叫作声线，和光反射一样，它的反射角也等于入射角。

如 图146 所示，假设你就站在山脚下，你站立的地方前面有一个大的障碍物AB，它比你所站的位置高多了，你发出的声波沿着Ca、Cb、Cc的方向向前传播。显然，经过反射之后，这些声线并不能回到你站立的地方，更不可能到你的耳朵，而是沿着aa、bb、cc的方向向上传了出去。但是，如果你站立的位置跟障碍物在一个平面上，或者比障碍

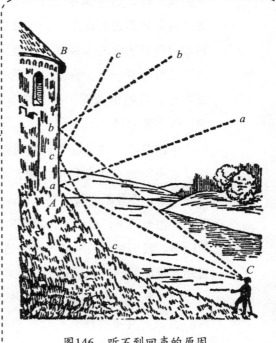

图146 听不到回声的原因。

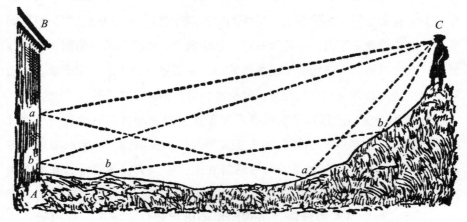

图147　听到回声的原因。

物还高一些，如图147所示，这时候就不一样了。声波沿着Ca、Cb向下传播，遇到地面进行反射，到了障碍物后又进行反射，沿着$CaaC$或者$CbbC$的方向回到了你的耳朵里。于是，你就听到了回声。而且，地面上的这些凹陷跟凹面镜一样，会使回声更清楚。反过来，如果地面上是一些凸起，回声就会显得很微弱，甚至还有可能把回声反射出去，到不了你的耳朵里，听不到回声。

　　在凹凸不平的地面上，要想寻找回声，是需要一些技巧的。即便你找到了最有可能产生回声的位置，也不一定能"召唤"出回声来。首先需要注意的是，不能距离障碍物太近，必须给声音一个较远的距离进行传播，否则，哪怕有回声，也会因为跟原来的声音间隔太短，而听不出来是不是真的有回声。我们知道，声音的传播速度是340米／秒，所以，如果我们站的位置距离障碍物有85米，那么，如果有回声，就会在半秒之后听到它。

　　综上所述，回声其实并不神秘，它就是声音在传播出去之后又返回来。但是，并不是所有的回声都能听得很清楚。有时候，我们听到的回声就像野兽在吼叫，或者有人在吹号角似的，也有可能像是打雷的声音，或者女孩子在唱歌等。也就是说，回声是各种各样的。如果产生回声的原声比较尖锐，且断断续续，那么听到的回声就会清楚一些。拍手就是一个产生清晰回声的好方法。但是，人说话产生的回声就不行了。一般来说，听起来都不是很清楚。其中，男人的声音比女人或者孩子的声音更模糊一些。

用声音代替尺子

我们都知道，声音的传播速度是340米／秒。利用这一点，我们就可以测量无法接近的物体之间的距离。关于这一点，在儒勒·凡尔纳的小说《地心游记》里也提到过。在这部小说里，教授和他的侄子在地下旅行，结果走散了，后来他们突然听到了对方的声音，于是便有了下面的对话：

"叔叔？"教授的侄子喊道。

"什么事，孩子？"过了一会儿，教授说道。

"你知道我们两人距离多远吗？"

"这个简单，你的手表是好的吗？"

"是好的。"

"那你把它攥在手里，喊我的名字，在喊的时候，记住表上的秒针的位置，当我听到你的声音之后，马上重复喊一遍我的名字，然后在你听到我喊的名字的时候，看一下手表，记住这时候秒针的位置。明白了吗？"

"明白了。"

"好，把秒针走过的这段时间除以2，就是声音在你和我之间传播的时间。现在开始，准备好没有？"

"准备好了。"

教授的侄子把耳朵贴在墙壁上，等着叔叔喊他的声音，当他听到"亚克谢立"的瞬间，马上把这个名字大声重复了一遍。

"正好是40秒，也就是说，声音在你我之间传播的时间是20秒，所以，根据声音的传播速度，我们两个之间的距离大概是7千米。"

上面提到的这个例子，就是充分利用了声音的传播速度，对距离进行量算。明白了它的原理，就可以很容易地解答类似的问题了，比如，下面这个例子：

距离我很远的火车头要离开，发出了汽笛声，但是这个声音是在我看到火车头冒出白气1.5秒之后出现的。那么，我距离火车有多远？

声音反射镜

所有能够产生回声的障碍物，比如，森林、高大的院墙、建筑物、大山等，都可以称为声音反射镜。前面提到过，它们能够反射声音，从而产生回声，这就好像镜子反射光线一样。

不同的是，反射声音的这些镜子可不一定是平面的，有的可能是曲面的。值得一提的是，凹面的障碍物就像是凹面镜一样，可以把声音聚焦到焦点的位置。

下面，我们来做一个非常有意思的实验。找两只盘子，把其中的一只放到桌子上，再找一个怀表，用手拿着，放到盘子上方几厘米的高度。然后，把另一只盘子放在耳朵旁边。如果怀表的高度正好在恰当的高度上，

而且盘子也放在了正确的位置，那么你
就会从耳朵旁的盘子里听到怀表滴答走
动的声音。如果闭上眼睛，这种感觉会
特别明显，甚至会让你错以为怀表就在耳
朵旁边（图148）。

图148　声音反射镜。

　　在中世纪的时候，建筑师在建造城堡的
时候，经常在声音上做文章。他们把一个人的
半身像放在凹面障碍物的焦点位置，或者非常巧妙
地放在墙里面管道的另一端。如图149所示，这是从16
世纪的一本书上找到的建筑图。从图中可以看出，建筑师真的
想到并做到了这些装置：从外面经过管道传到房间里的声音，在拱形天花
板的反射下，到达了石膏像的嘴上；在建筑物里面，有一个很大的管道，
把外面的各种声音传到了大厅里的半身像上……只要走进这间屋子，人们
就会听到半身像好像在说话，有时候甚至会听到它唱歌的声音。

图149　这是1560年出版的一本书里的插图。绘制的是城堡里会说话的半身像。

剧院大厅里的声音

有些人喜欢到剧院或者音乐厅里面听音乐。相信他们都有切身的感受：在大厅里，虽然演员离自己很远，但是他说话的声音可以很清晰地被听到，音乐的声音也是如此。但是，在有的大厅里，又完全相反，即便是坐在最前排，也听不见演员说话和音乐的声音。在一本关于声波及其应用的书里，对这一现象进行过详细的讨论。

在一个建筑物里面，从声源发出的声音都要传播一段比较长的时间才会停下来。这是因为，声音进行了很多次的反射，在建筑物里面走了好几个来回。同时，可能也会有别的声音发出来。在前面的声音还没有消失的时候，新的声音掺杂了进来，使得人们很难辨别声音的来源。假设声音在建筑物里"存活"的时间是3秒钟，说话的人在1秒的时间里发出了3个音节，就会有9个音节的声音在建筑物里面传播，所以根本不可能听清到底说的是什么。

唯一的办法，就是说话的人放慢速度，一个字一个字地说，而且最好还要吐字清楚，声音不要太大。只有这样，人们才能听清楚。但是，实际情况恰恰相反，人们说话的时候，经常无意识地抬高语调，让人感觉房间里都是噪声似的。

以前，建筑学还不是那么发达，要想建造一座不会被这些回声干扰的剧院，也许就只有靠运气了。但是，现在的人们解决了这一问题，想到了可以把这些干扰消除的方法，也就是消除交混回响。关于这个问题，我们在这里不作详谈。不过，需要说明一点，建筑师是通过建造出一些能够吸收多余声音的墙壁，来消除这些交混回响的。有一个非常好的消除这些声音的办法，就是把窗户打开。在建筑学上，有人甚至把1平方米的窗户作为计量声音消除能力的单位。不仅窗户可以消除声音，坐在剧院里面的人也可以。只不过，一个人的这种能力大概只相当于0.5个平方米的窗户。曾经有一位物理学家说过这样的话："在大厅里演讲的时候，听众'吸收'了演讲词，这里的'吸收'完全可以理解为字面的意思。"照这位物理学家的说法，空旷的大厅对演讲者是非常不利的。我们可以说，这句话也可以理解为字面的意思。

反过来，如果声音被吸收得太厉害，也会让我们听不清声音。道理很简单，大部分声音都被吸收了，当然声音就变得微弱了，而且还可能影响交混回响的消除。这时候的声音听起来断断续续，显得很枯燥。所以，我们需要消除交混回响，但也要避免吸收得太多。那么，究竟应该消除多少，怎么来把握这个度呢？其实，对于不同的大厅而言，情况是不一样的，没有一个固定的数值。所以，这要看什么形状的大厅，多大的大厅。

在剧院里面，还有一个非常有趣的东西，就是摆在舞台前面用来提词的提词箱。不知道你有没有注意过，其实所有的提词箱基本上都是一个形状的。这是因为，提词箱本身就是一台声学仪器，它是拱形的，相当于一个凹面镜，可以防止提词的人把声音传到观众的耳朵里，同时可以更好地把声音传到舞台上。

在很长一段时间里，人们一直感觉回声没有什么实际作用。后来，在一次偶然事件中，人们发现可以利用回声来测量海洋的深度。

海底传来的回声

1912年，发生了一次海难。当时有一只非常大的邮船叫"泰坦尼克号"。这艘船不幸地被冰川撞沉了，上面的乘客几乎全部遇难。后来，人们想了一个办法，来防止类似的海难发生。在浓雾的天气或者夜间行船的时候，利用回声可以发现前面有没有冰山之类的障碍物。当时这个办法并没有成功。但是，通过这一事件，人们想到了回声的其他作用，就是利用回声来测量海洋的深度，而且获得了成功。

如 图150 所示，这是利用回声来测量海洋深度的示意图。从图中可以看出，在船一侧的底舱里，有一个火药包，当这个火药包燃烧的时候，会发出很大的声响。这个声音就会穿过船底的水，到达海底，经过海底反射以后再传到船上，由船上的精密仪器来接收这个声波。计时器能准确地记录下从发出声波到接收到回声的时间。而声音在海洋中传播的速度，我们是知道的，这样很容易就计算出海洋的深度了。

图150的装置有一个专门的名字，叫回声测深器。这种装置在海洋深度的测量上得到了广泛的应用。以前，人们在没有想到这个办法的时候，是用测锤来测量海洋深度的，这种方法只能在船静止不动的时候才能实施测量，而且花的时间也比较长。绳子要从上面的转盘垂下去，它每分钟顶多垂下150米，从海里提上来也是一样，非常慢。所以，如果测量的深度是3千米的话，大概要花45分钟的时间。后来，发明了回声测深器后，同样深度的测量工作大概只需要几秒的时间就完成了，而且并不需要船只停下来，行驶中也

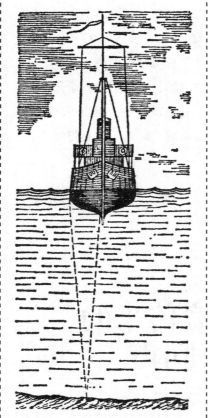

图150　这是利用回声测量海洋的深度。

可以进行。更重要的是，这样测出来的海洋深度误差很小，比测锤精确多了。据说，最新的回声测深器可以把误差缩小到不大于0.25米，相当于时间上的精确度达到了$\frac{1}{3000}$秒。利用回声测深器可以测量海洋的深度，特别是对于深海而言，非常方便。其实，在浅海，这种测深器同样得到了广泛的应用，人们用它来保证航行中的安全，防止发生触礁等事件。有了它，船只就可以避开一些危险的地方，顺利靠岸了。

现在，人们已经不用普通的声音作为回声测深器的声源了，而是用一种超声波。这种超声波是在快速交变的电场中，利用石英片的振动产生的，我们的耳朵根本感觉不到它的存在，它的频率非常高，每秒大概是几百万次。

昆虫的嗡嗡声

我们都听过昆虫飞过的嗡嗡声。那为什么会有这种声音呢？从昆虫的身体结构上来说，它们并没有能够发出这种声音的器官。昆虫飞行的时候，之所以会发出这种嗡嗡声，是因为它们的翅膀每秒振动的次数非常多，大概几百次的样子。翅膀在振动的时候，就相当于振动的膜片。我们知道，膜片每秒振动的次数如果超过16次，就可以产生一种音调。

所以，通过昆虫飞行时发出的嗡嗡声的音调，我们可以知道昆虫翅膀的振动频率到底是多少。这是因为，每一种音调都对应一定的振动频率。在*Chapter* 1中，我们讲过时间放大镜，有了它的帮助，我么就可以发现各

种昆虫翅膀的振动频率几乎是不变的。当昆虫想调整飞行的角度或方向的时候，变化的只是翅膀振动的幅度和角度，而频率是不变的。但是，如果是在冷天，这个频率会高一些。这就解释了为什么昆虫在飞行的时候，发出的声音基本上没有什么变化。

通过测量，人们知道，苍蝇飞行的时候发出的音调是F调，所以它翅膀的振动频率是352次／秒，而山蜂是220次／秒。蜜蜂在没有采蜜的时候发出的是A调，翅膀的振动频率是440次／秒，而携带着蜂蜜的时候是B调，翅膀的振动频率是330次／秒。蚊子发出的声调比较高，它的翅膀每秒振动500次～600次。我们通常说的直升机，它的螺旋桨每秒只转25转，通过对比，你是不是对上面数字的印象更深刻了？

听觉上的错觉

当一个微弱的声音传到我们耳朵的时候，如果以为这个声音是从很远的地方传过来的，我们就会觉得这个声音响多了。这种听觉上的错觉很常见，只是可能没有引起我们的注意。

美国科学家威廉·詹姆士写过一本书叫《心理学》，里面讲了一件非常有意思的事情：

一天夜里，我正在书房看书，突然听到一阵可怕的声音从房子前面传来。一会儿，这个声音消失了，过了一会儿，它又出现了。我急忙跑到客厅里，想仔细听一下它是从哪里发出来的。但是再也没有听到这个声音。可是，我刚回到书房，这个声音又回来了，就像从四面八方一起朝我漫过来一样。我很烦躁地回到客厅，可是声音又消失了。

当我再次回到书房的时候才发现，原来这个声音是从地板上酣睡的小狗身上发出来的。

有意思的是，一旦找到了这个声音的来源，就再也没有产生刚才的那种幻觉了。

我们都曾有过这样的经历，这种听觉上的错觉，在我们的日常生活中非常常见。

蝈蝈的叫声是从哪里传出来的

当我们听到一个声音的时候，常常不知道它是从哪里发出来的，这里我们主要说的是声音传来的方向。

如 图151 所示，如果枪声是从我们的左边或者右边发出来的，我们可以很容易地辨别出来。但是，如果声音是从我们的前面或者后面发出来的，我们就不

图151 枪声是从左边还是从右边传来的？

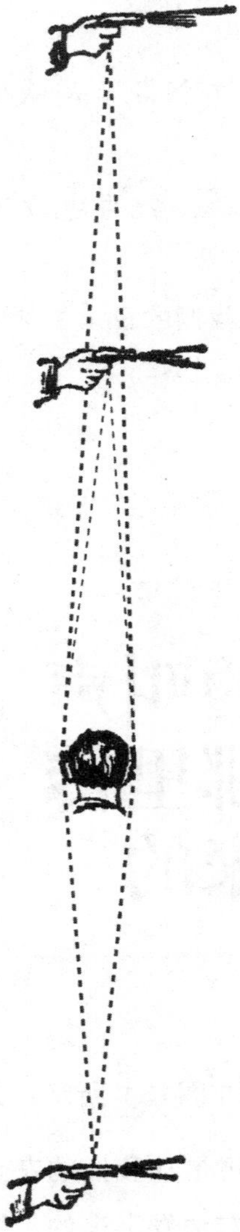

知道如何辨别了。如 **图152** 所示，明明是从前面传来的枪声，我们常常误认为是从后面传来的。这时候，我们只能根据声音的强弱来判断它的远近。

下面我们来做一个有趣的实验。随便找一个人，把他的眼睛蒙起来，然后让他静静地坐在房间的正中间，保持不动。然后，在他的正前方或者正后方，用两个硬币相互敲击，让他猜声音在哪个方向，他一定会回答得乱七八糟，声音明明是从这一边发出的，他却说是从另一边发出来的。但是，如果声音不是在他的正前方或者正后方，而是在他的侧面，他就能判断得比较准确了。这是因为，当在他的侧面敲击硬币的时候，距离声音比较近的那只耳朵就会先听到这个声音，而且比另一只耳朵听到的声音大一些，所以就可以判断出声音来自左边还是右边了。

通过刚才的实验，我们就可以很容易地理解：为什么在草丛中很难找到发出声音的蝈蝈。你可能感觉蝈蝈的叫声是从右边两三步的地方传来的，但等你到那里的时候，却发现它根本就不在那儿，这时候的声音已经跑到左边去了，当你把头转过去的时候，又发现叫声从另一个地方传来。不管你怎么找声音的来源，

图152　枪声是从哪里发出的。

就是不知道这个"音乐家"到底藏在哪儿了。实际上，蝈蝈根本就没有跳来跳去，它始终在同一地方。它跳来跳去发出叫声，只不过是你的想当然

罢了，是我们听觉上的错觉欺骗了我们。刚才转来转去地找它，却总是看不到它在哪儿，实际上就是因为在你转头的时候，蝈蝈正好在你的正前方或者正后方。通过前面的实验，我们知道，这时候是很难判断声音的来源的。也就是说，蝈蝈明明在你的正前方，你却认为它在你的正后方。

由此，我们可以得到一个结论，如果你想知道蝈蝈的声音或者杜鹃的声音是从什么地方传过来的，一定不能把自己的脸正对着它，而应侧转一下头，把一边的耳朵正对着它，也就是我们经常说的"侧耳倾听"。

听觉奇事

不知道你是否注意过这样的现象，当我们吃干面包片的时候，常常会听到发出来的声响，而且声音很大。但是，如果是你旁边的人在吃，你好像一点儿也听不见这种刺耳的响声。为什么会有这么大的差别呢？

这是因为，我们身体的构造决定了只有我们自己的耳朵才能听见这种声音，旁边的人根本听不到。我们人类的头骨是非常坚韧的，这就导致了它对声音非常敏感，很容易把声音传导出去。我们知道，在实体介质里，声音会被加强。所以，在我们吃干面包片的时候，声音只是经过空气传到了旁边人的耳朵里，所以他听到的声音很微弱，但是这个声音在传给自己的时候，是通过我们的头骨传到听觉神经的，所以就变成了很大的噪声。还有一个例子也可以证明这一点：用两只手把耳朵捂起来，然后用牙齿去

咬怀表的圆环，这时你会听到沉重的打击声，就是因为头骨加强了怀表的滴答声。

据说，贝多芬的耳朵聋了以后，就是通过一根硬棒来听演奏的，他把硬棒的一头用牙齿咬住，另一端放在钢琴上面。很多耳聋的人的内部听觉神经并没有损坏，所以他们可以通过从地板传来的音乐声，跟着翩翩起舞。

感　谢

在本书的翻译过程中，得到了项静、尹万学、周海燕、项贤顺、张智萍、尹万福、杜义的帮助与支持，在此一并表示感谢。